重金属污染物排放量核算技术研究

杨丽阎　牛　韧　张培培　温丽丽　等/编著

中国环境出版集团·北京

图书在版编目（CIP）数据

重金属污染物排放量核算技术研究/杨丽阎等编著.
—北京：中国环境出版集团，2022.9
ISBN 978-7-5111-5304-3

Ⅰ. ①重… Ⅱ. ①杨… Ⅲ. ①重金属污染物—排污量—核算—研究 Ⅳ. ①X5

中国版本图书馆 CIP 数据核字（2022）第 164945 号

出 版 人 武德凯
责任编辑 殷玉婷
责任校对 薄军霞
封面设计 宋 瑞

出版发行 中国环境出版集团
（100062 北京市东城区广渠门内大街 16 号）
网 址：http://www.cesp.com.cn
电子邮箱：bjgl@cesp.com.cn
联系电话：010-67112765（编辑管理部）
发行热线：010-67125803，010-67113405（传真）
印 刷 北京中科印刷有限公司
经 销 各地新华书店
版 次 2022 年 9 月第 1 版
印 次 2022 年 9 月第 1 次印刷
开 本 787×960 1/16
印 张 13.75
字 数 220 千字
定 价 80.00 元

前　言

重金属元素具有较强的迁移、富集和隐藏性，在水、大气、土壤各环境要素之间动态变化，对生态系统的稳定性、结构和功能、生物种群和群落结构产生长久的影响，造成生态系统功能退化和丧失，威胁生态系统安全。近年来，随着我国工业化进程加快，长期积累的重金属污染问题逐渐显露，重金属污染防治对改善生态环境质量、防范生态环境风险、维护生态环境安全、保障人体健康具有重要意义。党中央、国务院对加强重金属污染防治工作做出了一系列重要部署，2011 年 2 月，《重金属污染综合防治“十二五”规划》（以下简称《规划》）被国务院批复，并由原环境保护部印发实施。《规划》明确了重金属污染防治的目标，即到 2015 年，重点区域重点重金属污染物排放量比 2007 年减少 15%，非重点区域重点重金属污染物排放量不超过 2007 年水平。为了落实《规划》要求，原环境保护部每年组织开展《规划》实施情况年度考核。

《规划》减排目标的确定和考核的实施，对建立重金属污染防治技术体系提出了新的更高的要求，亟须建立重金属产排污核查核算体系，为总量减排和后续管理工作的开展奠定基础。本书主要面向重金属污染物排放量核查核算技术研究，同时加强研究成果转化应用，以实现支撑《规划》实施考核为目的，系统建立了重金属污染物排放量核查核算技术方法体系，在重点重金属污染物排放量、削减量核查核算技术研究的同时，兼顾探索开展燃煤电厂、电镀等非重点行业的核查核算技术方法研究，并选择典型区域和省（自治区、直辖市）开展试点示范。课题成果已经为《规划》实施、考核评估和相关政策的制定提供了理论基础、技术基础和科学依据，进一步规范了重金属污染物排放量核查核算工作，为国家实施《规划》评估考核、掌握重金属污染物排放量情况提供了必要的技术支撑，弥补了我国重金属污染物排放量核查核算技术的空白。

本书由杨丽阎、牛韧、张培培、温丽丽统稿，各章主要执笔人为：前言温丽丽；第 1 章牛韧、杨丽阎；第 2 章牛韧、温丽丽；第 3 章杨丽阎、温丽丽；第 4 章卢然、赵云皓、王兆苏；第 5 章郑伟、张培培；第 6 章朱佳、高静思；第 7 章刘湛、张青梅、向仁军；第 8 章杨丽阎、王兆苏；第 9 章卢然、王兆苏。

希望本书能够继续为我国重金属污染防治管理提供技术参考，推动我国重金属污染防治管理长效机制的建立。

重金属污染涉及的行业广、元素多，限于时间、能力和经费等多种因素，本书集中在重金属污染重点行业和重点重金属，难免有不足之处，希望相关专家学者提出宝贵意见。本书为环保公益性行业科研专项经费项目重金属排放总量核算和环境统计技术研究（201209009）资助项目成果，书中涉及的具体企业、区域名称均采用英文字母代替，并以小节为单元进行命名，对本书表述不当之处，敬请斧正！

作　者

2022 年 4 月

目 录

第 1 章　国内外污染物排放量统计与核算技术研究进展

污染物排放统计是人们认识和了解环境质量以及人类活动等因素对环境影响的重要工具，通过对比分析国内外污染物排放统计方法、指标、质控等现状，查找我国在污染物排放量统计方面的先进性和不足，对不断完善重金属污染物排放量统计具有重要意义。污染物排放量核算作为统计的基础，使用正确的核算技术方法对污染物排放统计数据的准确性至关重要。

本书系统梳理了国内外污染物排放统计与核算研究进展，开展了国内外污染物排放量统计与核算方法优劣势比较研究，在此基础上，查找了我国重金属污染物排放量统计与核算技术关键问题，为下一步持续完善重金属污染物统计与核算技术方法体系，以满足不断优化的环境管理需要提供方向指引。

1.1　污染物排放统计比较研究

1.1.1　国外研究进展

广义的污染物排放统计包括指标、指数和核算①。污染物排放统计可以为政府部门制定环境政策、规划以及预测评估等提供基础和依据，其作为一个新兴的统计领域，近年来受到了世界各国的广泛重视，得到了快速发展，目前已有许多国家建立起了相关统计制度和相关法规②。

美国国家环境保护局（US EPA）在污染物排放统计上将所有可能对环境造成

---

① 洪亚雄. 环境统计方法及环境统计指标体系研究[D]. 长沙：湖南大学，2005.

② 周东. 国际环境统计制度发展及对我国的思考[J]. 环境研究与监测，2012（2）：51-53.

影响的金属类污染物都列为统计对象。下面以 US EPA 为例，介绍国外重金属污染物排放统计方法。

1.1.1.1 调查方法

（1）调查过程

为了准确收集和发布污染物排放数据，US EPA 建立了完善的数据收集体系，包括数据收集准备、数据收集、数据计算及数据发布 4 个过程。其中数据收集准备过程又包括源的识别、与源有关的信息收集过程。

（2）调查形式

US EPA 污染物排放统计主要有调查法和企业检查法两种方式。调查法是指发放调查表格至企业，企业自行填报排放情况及相关指标后，收集企业报表进行数据汇总；而企业检查法是统计人员进入企业开展污染物排放调查，特别是针对生产规模较大、排放环节多的企业开展现场调查，同时可调阅企业监测数据，以及与企业相关人员开展座谈，从而获得更准确的统计数据。

（3）调查尺度

US EPA 的环境统计调查工作不仅从企业层面开展，还针对工艺过程和重要工序等层面。

（4）调查范围

US EPA 通过对各种源的排放信息、生产信息等其他相关信息进行分步骤、分层次的筛选，最终确定调查的对象。

US EPA 对重金属污染物排放的调查是分阶段完善的。在金属行业类的调查中，US EPA 开展了两个分级调查和六个详细调查作为数据收集工作的一部分，并将之分为两个阶段，第一阶段在 1989 年针对 7 个行业部门，第二阶段在 1996 年针对 11 个部门，具体如表 1-1 所示。

可以看出，US EPA 对重金属的调查为分阶段、分层次的调查，首先进行预调查，以此作为广泛调查和详细调查的基础，从而确保对受调查企业开展后续详细调查。然后在预调查的基础上，按照一定的规则选取其中有代表性的工业企业，进行以调查问卷为主的详细调查。上述阶段性的调查本身作为一种调查方法具有系统性和合理性，通过分阶段的方式不断深化调整被调查对象的信息，将已有结果运用到不同阶段不同性质的调查中，实现信息的补充，以保证调查对象和指标选择的全面性。

表 1-1　US EPA 阶段调查

调查类型	调查名称	开展时间
筛选	1989 年筛选调查	1990 年 8 月
	1996 年筛选调查	1996 年 12 月
	1996 年效益筛选调查	1998 年 10 月
详细	1989 年详细调查	1991 年 1 月
	1996 年长调查	1997 年 6 月
	1996 年短调查	1997 年 9 月
	1996 年市区调查	1997 年 6 月
	1996 年公共污水处理厂调查	1997 年 11 月
	1996 年联邦调查	1998 年 4 月

1.1.1.2　指标体系

US EPA 针对企业的重金属污染物排放调查，并不仅仅针对重金属污染物指标本身开展调查，还包括企业生产、其他污染物排放等多项指标。指标选取原则：一是尽可能包含对环境造成威胁的所有重金属元素；二是考虑重金属元素在环境介质中的形态，增补有相关性的其他污染物指标；三是以环境管理为目标，建立了多层次、全方位、灵活开放的指标体系。

以废水排放的工业污染源为例阐释美国重金属污染物排放统计指标。US EPA 重金属污染物排放统计指标体系由概况、生产过程信息、供排水、工艺过程和危险废物、财务和经济信息等指标构成。需要说明的是，US EPA 所设计的上述重金属污染物排放统计指标通过开放式问题获取相关信息，设计的指标更倾向问题型，这样有助于获得更为全面的排放信息。

1.1.1.3　质量控制与质量保证

美国的环境统计数据质量控制和质量保证体系主要从两个方面确保数据质量，一是严谨的统计调查过程，实现数据内部质量保证；二是多样的技术手段，实现数据外部质量控制。

内部保证主要是依靠调查体系的完整性和严谨性，从而保证在科学全面的调查体系中获得可靠的排放数据。内部保证的方式包括完整的质量控制文件、科学的调查方法、全面的指标体系、规范的核算方法。

外部控制主要通过审核技术和数据审核方法实现，保证数据填报—收集—汇总—报告等各环节数据的准确性。

1.1.2 国内研究现状

目前，我国环境统计调查中，未设立单独的重金属环境统计体系。“十二五”环境统计报表制度，仅从调查内容上将废水、废气重金属产生、排放指标纳入工业源、集中式污染治理设施统计调查。其调查的过程和方法与当前的统计调查方法相一致。

1.1.2.1 调查方法

（1）调查方式

我国现行的环境统计调查制度，根据调查的方式和周期分为普查、专项调查、季度调查和年度调查 4 种形式。以年度调查和季度调查为例，年度调查中，对各污染源和调查对象开展发表调查，而季度调查则通过联网直报方式报送统计数据。重金属统计调查除重金属专项调查外，在普查、年度调查和季度调查中也有体现。

（2）调查范围和对象

年度调查范围包括有污染物排放的工业源、农业源、城镇生活源、机动车，以及实施污染物集中处置的污水处理厂、生活垃圾处理厂（场）、危险废物（医疗废物）集中处理（置）厂等。而具有重金属指标的调查范围仅为重点调查工业源和集中式污染治理设施。其中，重点调查对象是指辖区内重金属污染物排放量较大的企业。而环境统计季度调查范围仅为“国家重点监控企业名单”中包含的工业企业和污水处理厂，在季度调查指标中同样包含了重金属指标。

（3）调查对象的确定

调查对象按照所在地统计原则，以县级行政区划为基本区域。调查对象根据当地环境管理的需要，本着易统计、易核算的原则确定，大型联合企业所属二级单位或者同一企业分布在不同区域的厂区，均纳入所在区域调查。

工业源采取重点调查工业企业逐个发表调查与非重点调查工业企业整体核算相结合的方式调查，工业排放总量即二者加和。这里的重点调查工业企业与重点行业调查意义不同，重点行业调查指对重点行业进行全口径调查，即调查对象为该行业所有工业企业，而重点调查工业企业则是针对污染物指标，以地市级行政单位为基本单元进行筛选，是指主要污染物排放量占各地市辖区范围内全年工业源排放总量 85%以上的工业企业。

1.1.2.2　指标体系

（1）指标体系框架

我国环境统计的指标体系包含工业源、农业源、生活源、机动车源、集中污染治理设施和环境管理 6 个子系统，各子系统有 2 套表，分别是基表（调查表）和综表（汇总表）（图 1-1）。重金属指标仅在工业源、集中污染治理设施指标体系中涉及。

其中，工业源环境统计指标体系包含 6 个基表，基 101 表调查的是存在工业污染物排放情况的工业企业总体状况，在调查中需向每个被调查的工业企业发放并由工业企业自行填写。需要统一发放的报表还有基 106 表，对存在污染防治投资情况的工业企业进行调查，其中所涉及的污染防治投资等指标作为辅助指标被整合到环境统计信息中。基 102 表～基 105 表分别为针对火电、水泥、钢铁、造纸 4 个重点行业进行调查的报表，对不同行业独立发放。

需要说明的是，基 102 表～基 105 表在对不同的重点行业进行调查中不是完全独立的，针对某个重点行业的工业企业，如果在污染物的产生和排放过程中涉及其他重点行业的生产活动或者工艺过程，则同样需要对所涉及行业的报表进行填写。例如，某水泥企业或者钢铁冶炼工业企业内部有自备电厂，也需要根据其中的指标要求填写基 102 表。

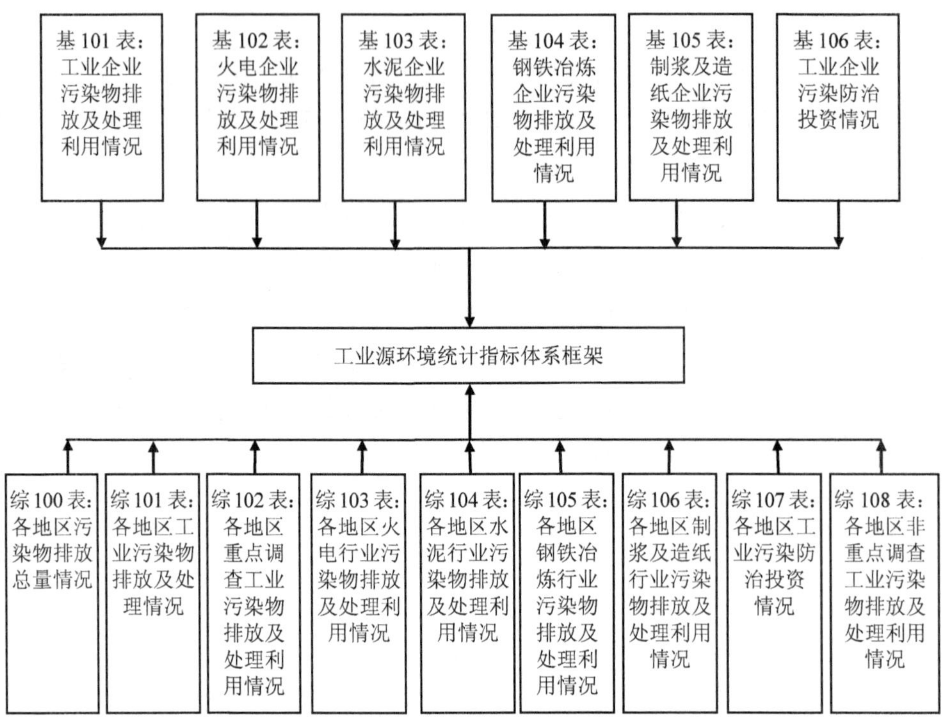

图 1-1 我国“十二五”工业源环境统计指标体系框架

（2）指标内容

在指标体系中将直接表示污染物产生、排放的指标称为核心指标，例如废水、废气产生、排放量等，将与污染物产生排放相关的指标称为辅助指标，这种指标用以辅助环境统计人员判断生产过程与污染物产生排放间的逻辑关系，同时也可以开展生产与污染物排放关系的研究，为后续环境管理提供更多、更全面的技术支持。

在工业源重点调查中，废水、废气污染物产生、排放量是核心指标。废水、废气污染物指标也分为常规指标和重金属指标，常规指标包括废水排放量和废水中化学需氧量（COD）、氨氮、石油类、氰化物、挥发酚等污染物产生和排放量，废气排放量和废气中二氧化硫（SO_2）、氮氧化物（NO_x）、烟（粉）尘排放量；重金属污染物排放指标主要分为两大类，废水重金属污染物与废气重金属污染物，其中包括铬（Cr）、镉（Cd）、铅（Pb）、砷（As）、汞（Hg）5 种重金属元素。对于危险废物的统计而言，虽然其中部分含有重金属，但总体上按照危险废物产生量和排放量进行统计。辅助指标包括企业基本情况、生产台账、污染处理设施等相关指标。

集中式污染治理设施调查中，指标的内容与工业源重点调查指标基本一致，根据集中式污染治理设施特点将生活垃圾处理厂（场）、危险废物（医疗废物）处理（置）厂中废水、废气重金属污染物排放情况替换成渗滤液、焚烧废气中的铬、镉、铅、砷、汞、六价铬产生量、排放量。

1.1.2.3　质量控制

我国环境统计数据质量控制一方面利用计算机辅助审核方法，对企业填报时开展逻辑关系、完整性审核，填报不完整、基本逻辑关系错误的企业无法完成环境统计数据上报。另一方面，制定了详细的数据审核细则，根据“十二五”环境统计数据审核细则的要求，各级环境统计调查单位需要对本级环境统计数据开展审核，以保证数据质量。各级生态环境部门可以依据国家审核方式开展环境统计数据审核工作，国家级数据审核则以联合会审方式开展。污染统计数据从企业最终汇总到各级生态环境部门，其宝贵的价值最终体现在数据分析所得出的结论上。原环境保护部未就环境统计数据分析对下级环境保护部门提出要求，原环境保护部也只是每年出版一本《环境统计年鉴》①。

分级审核。重点调查单位需开展自审，根据台账资料自行检查填报的环境统计报表；区（县）级审核的重点是确保报表的完整性，同时确保数据的真实性和准确性；地市级审核的重点是数据之间的逻辑关系、报表的完整性以及数据的合理性，重点把握数据年际间的变化情况；省级审核的重点放在与社会宏观数据的匹配上；国家级审核要在各级审核的基础上整体把握各地区数据情况，同时与社会经济数据相衔接，确保数据合理、准确、真实。

联合会审。国家级和省级审核可调动资源较市、区（县）级多，可以有效利用其他部门资源组建审核专家组，共同开展环境统计数据联合会审工作。国家级环境统计数据审核过程中，审核专家组成员包括地方环境统计专家、生态环境部

① 齐珺，魏佳，罗志云. 对我国环境统计制度的思考和建议[J]. 环境与可持续发展，2011，36（2）：66-69.

其他业务司局专家、督察局专家、高校及研究院所专家近 50 名，对当年环境统计数据从合理性、真实性、准确性等几个方面开展审核工作。

1.1.3 对比分析

作为对全国重金属行业整体状况和污染情况的调查，我国的统计报表制度和 US EPA 的调查制度在很多方面存在差异，以下将对它们一一进行分析。

1.1.3.1 调查本质

我国对重金属的调查可视为报表信息收集，通过将已设计好的表格发放给选取的工业企业来收集数据，因此在本质上属于报表制度。而 US EPA 则是对行业的调查，采用的是调查问卷的形式，与报表有所不同。两者调查形式的不同决定了整个信息收集、调查过程、调查结果以及最终数据处理都存在一定程度的差异。

依托 US EPA 强大的处理能力，针对重金属污染物排放建立了独立的调查体系，使得各调查行业的调查体系更加细致、完善，调查涉及内容的广度、深度能够达到预期效果，并且针对特殊状况能够较为完善地处理，例如空白或者无效信息，可通过与被调查点源进行一对一的互动以获得更多信息。我国重金属污染统计调查属于环境统计报表制度中的一部分，而且在工业重金属污染物排放统计框架下，虽然调查方式与一般工业部门或者行业有所不同，但是仍然无法保证其独立性或者特殊性。这样我们很容易将重金属污染物与其他一般污染物进行同一程度的调查，因此其操作过程和结果与 US EPA 调查就会有很大差距。

1.1.3.2 调查目的

US EPA 调查的目的包括制定排放标准、污染治理技术推广、排污企业污染治理和管理成本核算，并且它们的调查表中所包含信息足以达到以上要求。而我国对重金属污染物的调查仅限于污染物产生和排放的数据以及重金属污染治理投资力度，再根据所得数据在不同层级的地区和区域的汇总估计一定范围内重金属的污染程度，或者根据所得数据信息来制定排放标准对重金属的生产及其污染物排放进行管理。因此，与 US EPA 调查体系相比，我国的调查在形式上更接近于对数据的统计，调查程度相当于 US EPA 的筛选调查，无法对行业生产和重金属污染物排放控制中的很多细节和重要信息进行深入调查，更加限制了统计调查的作用和意义，这也反向决定了调查的目的。

1.1.3.3　调查类型

我国的环境统计报表是将所要调查的重金属类型直观地展示在表格中，包括砷（类金属，计入重金属指标）、汞、铬、铅、镉等 5 种。而 US EPA 调查问卷中并没有明确提出重金属类型，而是由被调查对象根据问卷中的问题和要求对生产和排放过程中存在的重金属类型自行填写，并在调查大纲中列出调查中可能涉及的或者调查要求的所有重金属类型，并将它们分为主要污染物和非常规污染物。由于上述元素中有些不属于重金属或者只是类金属，所以 US EPA 将调查命名为金属行业调查。此外，某些污染物污染范围较小或者程度较低，因此 US EPA 在调查中设置了一定标准，符合标准时才需要填写相关信息。

1.1.3.4　调查方法

我国对重金属污染的调查采用全口径调查方法，目的是将所有产生和排放重金属污染物的工业企业相关信息均纳入调查范围，从而获得准确的污染物数据，并评估各地区总体的污染状况。而 US EPA 则通过预调查、筛选调查和详细调查的方式对样本进行逐层筛选，以此确定最终的调查对象。US EPA 在准备环节根据相关工业企业的编号统计能够实现对行业的全口径统计，并设计出一整套通过筛选的样本总体的计算体系和方法来推断和估计地区或者联邦的重金属污染程度，这也是调查体系和制度发展到一定程度采用的做法。

1.1.3.5　指标类型

我国报表中每种重金属的产生量和排放量即为基本调查指标，其调查对象为一个工厂或者企业，而 US EPA 调查表中基本单位包括很多其他内容，如单元操作流程、工艺框图、排放情况和污染物浓度等，因此两个体系的指标类型不尽相同，后者的指标结果不仅包括数据，而且包含文本部分。此外，调查对象的基本单位选择不同，我国调查体系中报表填写或者数据收集的基本单位为工厂或者企业，而 US EPA 统计调查的基本单位为工厂生产、治理和排放的操作单元，并进一步针对操作过程设计指标，也由此决定了指标类型的差异。

1.1.3.6 核算方式

我国设计出一套三选一的体系，被调查工业企业可以根据一定的规则选择物料平衡法、监测数据法或者产排污系数法中的一种，计算或者估算之后填写报表。而 US EPA 没有专门或者明确指出问卷中所要求数据的核算方法，具体做法是在调查问卷中将所需要的信息设置详细的要求，包括非数据信息部分，最后的产生、处理和排放数据可根据工厂提供的信息计算得出。因此两种调查体系的核算方式有明显的差别。

1.2 污染物排放量核算技术比较研究

1.2.1 总量控制研究

1.2.1.1 国外研究进展

“总量控制”源于 1972 年的斯德哥尔摩联合国人类环境会议，国际上各国制定的一系列环保政策和法规，在研究过程中在摒除点源控制过细过严、对技术问题插手过多及未将源排放与环境质量关联等弊端后逐渐完善。典型的国家主要有美国和日本。

1977 年，美国颁布实施了《清洁水法》。第 303（d）条款要求各州政府每两年必须向 US EPA 汇报当地水体的整体卫生及达标情况。如果采用了最优的水处理技术，仍然没有达到相应的水质标准，US EPA 则要求州政府对这类水体制订并实施 TMDL（日最大总负荷）计划。TMDL 是指在满足水质标准的条件下，水体能够接受的某种污染物的最大日负荷量。另外，美国借助市场推行一种较为经济的总量控制。1979 年年末，著名的“泡泡”政策由 US EPA 开始实施试行。在一定的范围内，“泡泡”有选择性地对污染物进行控制，如对一些难以控制、治理费用较高的污染源少削减，而对那些容易控制、治理费用较少的污染源多削减。这种首次以市场运行为指导，在经济上给予企业一定的刺激，使企业更灵活地选择治理方案的政策，最终获得了良好的环境效益和可观的经济效益。1980 年，US EPA 扩大了“泡泡”政策的应用范围，由单个“泡泡”政策发展成“多泡”政策，并推出了“排污补偿”政策。1982 年 4 月，US EPA 颁发了“排污交易政策的总结报告书”，允许在各州建立“排污交易”系统。1986 年年底，US EPA 在 1982 年报告书的基础上又推出了“排污交易”政策，以取代原来的“泡泡”政策。1990 年，美国颁布了《清洁空气法修正案》，在此法中规定了可交易排放量系统，即如果一个设施将其排污量降至标准以下或提前达标，其盈余的排污量可用于将来排放或出售给其他设施。进入 21 世纪，各国的总量控制政策不仅用于常规污染物，也扩展至 CO_2 等非常规污染物上。

1971 年，日本对水质总量控制制度问题开展研究，并于 1973 年制定的《濑户内海环境保护特别措施法》中，首次在废水排放管理中引用了总量控制。到 1984 年，日本将总量控制法正式推广到东京湾和伊势湾两个水域，并严禁无证排放污染物。日本总量控制的经验主要在于将法律手段与经济手段和行政手段有效结合，同时加强科学研究，发挥公众和中介组织的监督作用。大气污染物总量控制方面，日本利用 K 值标准限制二氧化硫（SO_2）的排放，确定对东京、大阪等城市或地区实行总量控制。根据不同的污染程度，实施不同的总量标准，如针对高污染区实行更严格的总量标准。在按大气容量条件进行排污削减的优化分配基础上，选择治理较佳的削减排污方案。但实施这个管理体制的前提是要有详细广泛的动态信息系统和雄厚经费的支持，才能达到预期的效果。

1.2.1.2　国内研究进展

相对于国外，我国关于污染物总量控制方面的研究起步较晚，目前仍处在发展阶段，“六五”至“十五”期间，为了实施污染物总量控制的战略，原国家环保总局科技标准司组织开展了若干与总量控制相关的科研工作。工作内容上，从“十一五”开始的主要污染物总量减排、流域综合治理到“十二五”新增加的重金属污染防治、大气污染防治工作，不断扩大污染物总量控制的范围；控制指标上，主要污染物总量减排工作中从“十一五”期间的 SO_2、COD 增加到了“十二五”期间的 SO_2、NO_x、COD、氨氮（NH_3-N），以及重金属污染防治工作中的重金属污染物，还有大气污染防治工作中的颗粒物，不断细化完善污染物总量控制的各项管理制度①。实施总量控制首先应确定控制的地区，根据这一地区的环境功能确定环境目标，即要实现的环境质量标准；之后再根据该地区的环境容量（包括大气、水、土壤等）计算要达到环境目标而削减的污染物总量，并将削减总量分解到本地区内各企业，确定各企业的总量控制目标；各企业再根据这一控制目标确定各种污染物应削减的量，把削减量分解到各个排污车间和工段，采取有效的管理措施，以保证在指定的时间内实现②。

20 世纪 90 年代，湖南有色金属研究所对有色金属工业排污总量控制进行了研究，首先对近五年的排污总量开展动态分析，作为排污总量（负荷）动态控制因子的基本依据。根据各污染源、各污染物的等标污染负荷及等标污染负荷比、环境功能区要求及区域环境污染控制要求，确定主要污染物是镉（Cd）、锌（Zn）、铅（Pb）、氟化物、硫化物和汞（Hg），等标负荷占总等标负荷的 86%。采用排污系数和弹性系数预测模型预测 1996 年及 2000 年警告性排污总量值。综合运用弹性系数及排污系数等数学模型、水域功能区划、环境容量研究以及行政决策等多种手段研究确定目标排污总量控制值。研究成果在行业（企业）排污总量控制技术研究方面具有新的突破，可供其他行业借鉴和在其他行业同类生产工艺中推广使用，对推动全国排污许可证制度的全面实施具有重大学术价值和实用意义。清华大学环境科学与工程系杨玉峰提出，一个具体的城市或区域可能会同时存在 2 种或 2 种以上的污染迁移，确定其容量总量控制标准是实施容量总量控制的基础。

我国的水环境污染总量控制研究始于 20 世纪 70 年代末，以制定第一松花江生化需氧量（BOD）总量控制标准为先导，进行了最早的探索和实践；接着在“六五”期间，以沱江为对象，进行了水环境容量、污染负荷总量分配的研究和水环境承载力的定量评价；“七五”期间，陆续在长江、黄河、淮河的一些河段和白洋淀、胶州湾、泉州湾等水域，以总量控制规划为基础，进行了水环境功能区划和排污许可证发放的研究。20 世纪 90 年代，国家环保总局提出了落后工艺淘汰指标和工业结构调整方案，为中国的水环境总量控制制定了先按达标排放控制污染

① 白金. 我国主要污染物总量控制体系分析——以内蒙古自治区为例[D]. 呼和浩特：内蒙古大学，2013.
② 赵军. 浅论污染物排放总量控制[J]. 山东环境，2000（7）：28-29.

总量、再按水质目标规定允许排污总量的基本模式。在“九五”计划和2010年远景目标中，实施污染物排放总量控制被列为环境保护的重大举措。《国务院关于环境保护若干问题的决定》中明确提出：要实施污染物排放总量控制，抓紧建立全国主要污染物排放总量指标体系和定期公布制度。“九五”期间，国家筛选出12种污染物实行总量控制，其中包括大气污染物指标（3个）：烟尘、工业粉尘、SO_2；废水污染物指标（8个）：COD、石油类、氰化物、砷、汞、铅、镉、六价铬；固体废物指标（1个）：工业固体废物。

大气污染总量控制方面，原北京市西城区环境保护局为城市大气污染物排放总量控制提出了一套科学、系统的理论和方法学基础，通过改进后的城市多源大气扩散模型，计算出地区稀释系数矩阵，结合社区环境目标值，得出允许排放的最大污染源排放量，进而实施总量控制。结合地理信息系统，制作了“大气污染物排放总量控制管理信息系统”，系统可以按要求给出若干种总量控制方案供选择。

目前的核查核算方式是国家每年对各省份进行两次考核，收集各省份减排数据，查阅所有排污企业生产和减排台账，并进行现场核查，核实减排数据后上报进行集中核算①。

1.2.1.3 小结

一是我国总量控制理论、方法已经成熟，可以为重金属污染物排放量核算提供借鉴。国内总量控制在理论与实践中已经成熟，未来将进一步从行业总量控制、区域总量控制入手，提高精细化管理水平。重金属污染物排放量控制不属于总量控制范畴，但仍可借鉴总量核算的技术思路，根据重金属污染源的特征，设计切实可行的排放量核算与统计技术。

二是排放总量底数尚待查清，控制目标灵活度应加大。随着经济的发展，企业数量不断增加，尤其是乡镇及私营企业发展加快。我国现行的环境统计制度中主要还是统计县属以上企业，很多乡镇企业、“三资”企业、私营企业排污量游离在统计总量外。国家规定的控制指标没有考虑区域间经济水平差异，采用统一指

① 侯元松，李维伦，邵润蛟. 主要污染物排放总量综合管理与应用[J]. 环境与发展，2015，27（1）：73-76.

标，可能影响发达地区更快发展和落后地区尽快发展，不利于充分利用环境容量，也不利于调动部分地区治理污染的积极性。

1.2.2 污染物排放量核算方法研究

1.2.2.1 核算技术对比研究

监测数据法、产排污系数法及物料衡算法是当前我国政府及生态环境保护职能部门针对工业污染源展开的环保业务中应用最广泛的 3 种核算方法。监测数据法是依据实际监测的调查对象产生和外排废水、废气量及其污染物浓度，计算出废气、废水排放量及各种污染物的产生量和排放量；产排污系数法是依据调查对象的产品或能源消耗情况，根据产排污系数，计算污染物产生量、排放量；物料衡算法是指根据物质质量守恒原理，对生产过程中使用的物料变化情况进行定量分析的一种方法，即投入物料量总和＝产出物料量总和＝主副产品和回收及综合利用的物质量总和＋排出系统外的废物质量。以上 3 种方法中只有第一种对污染物有实际的监测并进行计算，后两种方法均是根据原料及产品的量计算得来。

采用监测数据法核算污染物产排量的，须提供符合以下有效性认定要求的全部监测数据台账，与报表同时报送环境统计部门，以备数据审核使用。若进口或出口监测数据不符合有效性认定要求，可选用其他核算方法，污染物产生量、排放量允许使用不同的核算方法。监测数据使用优先顺序：首先是自动在线监测数据，调查年度全年通过《国家重点监控企业污染源自动监测数据有效性审核办法》有效性审核，且保留全年历史数据的自动在线监测数据，可用于污染物产生量、排放量核算；其次是监督性监测数据，调查年度内由县（区）及以上生态环境部门按照监测技术规范要求进行监督性监测得到的数据（包含若干要求）；最后是验收监测数据，调查年度内由省级及以上生态环境部门对新改建项目、限期治理项目进行验收监测得到的数据，并且验收后企业的生产产品、生产工艺、生产规模和治污设施没有发生明显变化且运行状况良好。

产排污系数法使用技术要求包括：①参考重新调整、修订的《第一次全国污染源普查产排污系数手册》（以下简称《产排污系数手册》）；②根据产品、生产过程中产排污的主导生产工艺等，选用相对应的产排污系数，同时结合材料消耗、生产管理水平等情况确定产排污系数值，再依据本企业调查年度的实际产量，核算产、排污量；③《产排污系数手册》中没有涉及的行业，采用似同原则，即根据企业生产采用的主导工艺、原辅材料，类比采用相近行业的产排污系数进行核算；④企业相应情况与《产排污系数手册》不能吻合或行业没有被覆盖的，各地可根据当地企业已有监测数据或其他可靠资料核算出相应的系数，将系数及核算方法报生态环境部备案后，使用该系数及核算方法核算污染物产生量、排放量。现有企业用监测数据法核算污染物产生量、排放量的，须与产排污系数法进行校核。两种方法核算结果偏差大于 30%的，需沿用 2010 年污染源普查动态更新调查数据库中采用的核算方法。但目前所有产排污系数的“修正”仍只是停留在数据复核、专家评议等表面层次上，并未涉及从根本上对产排污系数进行有效的修正①。

上述 3 种方法在核算重金属污染物排放量时各有优点和缺点，具体如表 1-2 所示。结合我国环境管理的具体需求，产排污系数法更适合用于掌握我国各工业行业整体的产排污状况，为日常环境管理和相关环境政策的制定提供重要的基础数据支撑。

表 1-2　工业污染源产排污主要核算方法及其优缺点

方法名称	优点	缺点
监测数据法	数据相对准确可靠；获取的结果更直接和全面，受其他设施影响较小	数据准确性受监测频次和监测时工况影响较大，不同监测结果相差较大；污染物产生量较难确定；若数据需求量大，经济成本高
产排污系数法	简单，经济，应用范围广	部分工业行业相关产排污系数缺失；部分行业系数准确性偏低，有待修正；系数需要伴随工艺及技术的发展而不断更新；反映的是行业平均值，应用到具体企业时可能相差很大
物料衡算法	对于一些特性企业、特定工艺的污染物产排量，核算数据质量和准确度较高	无法核算污染物的排放量，应用范围有限；所得数据为理论值，结果易受质疑

① 白卫南. 基于产生强度综合评价指数的重金属产生系数修正研究[D]. 北京：中国环境科学研究院，2014.

1.2.2.2　国外研究经验

排污系数的研究最早起源于 20 世纪 60 年代末的美国，用于估算空气污染源污染物的排放量，建立污染物排放清单（Emission Inventory），并于 1972 年由 US EPA 第一次公开出版了《空气污染物排放系数汇编》（*Compilation of Air Pollutant Emission Factors*），俗称 AP-42。长久以来，AP-42 一直作为美国空气质量管理的主要工具。美国排污系数主要开发渠道有 3 条：其一，US EPA 与州、地方或企业合作，由它们通过排放实测或其他科学方式得到排污系数，上报给 US EPA，再由 US EPA 统一公布；其二，由 US EPA 根据全国类似活动的检测数据进行推测综合得到；其三，由 US EPA 根据物料衡算法以及工程经验判断。此外，开发出来的排污系数与真实值之间的误差有多大，其可靠性、代表性如何，是目前在排污系数应用过程中经常遇到的疑问。所以需要对现有排污系数的可靠性、代表性和适用性等进行定性和定量评估，进而为提高数据质量寻找相应措施，这些是排污系数目前以及下一步的研究方向。美国和联合国政府间气候变化专门委员会（IPCC）目前已经开展对排污系数不确定性的研究，并取得了一定的研究成果。2007 年 4 月，US EPA 起草了《排污系数不确定性评估（草案）》并公开进行意见征集。

20 世纪 80 年代之后，世界各国对环境管理工具和方法的需求越来越大，继美国之后，一些国际组织（如联合国、欧洲环境署等，以及很多发达国家如英国、澳大利亚、加拿大等）纷纷开展了排污系数和排放清单的研究工作，颁布了很多官方排污系数和排放清单的手册；同时，许多研究机构、监测部门、学者也纷纷展开对排污系数的研究，这些排污系数的研究成果散见于各种文献、研究报告和出版物上，成为官方数据的有益补充。表 1-3 列出了国外主要产排污系数来源。

表 1-3　国外主要产排污系数来源

系数来源	颁布组织/机构
《空气污染物排放系数汇编》（AP-42）	美国国家环境保护局（US EPA）
IPCC 国家温室气体排放清单指南	联合国政府间气候变化专门委员会（IPCC）
EMEP/CORINAIR 空气污染物排放清单指南	欧洲环境署（EEA）

系数来源	颁布组织/机构
UNDP/UN DESA 排放清单手册	联合国开发计划署（UNDP）和 联合国经济和社会事务部（UN DESA）
全球空气污染物排放清单手册	全球空气污染论坛（GPA Forum）

注：EMEP——欧盟监测与评估机构，CORINAIR——空气污染物排放信息协调机构。

对于欧盟来说，IPPC 指令的技术参考（BAT Reference Documents，BREFs）文件中提供的污染物排放水平，则是完全从技术工艺角度入手，针对某一特定技术条件或特定行业或企业，测定核算出不同原材料、不同工艺过程、不同末端处理装置下的污染物排放水平，进而优化得出最佳可得技术条件下的污染物排放水平。因此，BREFs 中的最佳可得技术（Best Available Techniques，BAT）的污染物排放水平成为欧盟各成员国制定本国排放限值的重要参考和依据，同时运用反演的方法将污染物排放限值与环境质量标准相结合。另外，BREFs 中所引用的数据，是通过特定技术在企业中的实际应用得到的，根据最佳可得技术制定的排放限值是以技术先进性及可行性为前提，适用于大型工业企业。

欧盟 IPPC 指令，即综合性污染预防与控制指令（96/61/EC），是欧盟委员会于 1996 年 9 月 24 日颁布的旨在对工业和农业生产活动所产生的大气、水和土壤污染实现综合性预防和控制的指令。其最佳可得技术参考文件中提供了工农业生产活动中的高污染行业，如能源工业、化学工业、矿业、废物管理业以及农业中的家禽养殖和屠宰业等行业的大气、水和土壤污染物的排污系数。该指令通过最佳可得技术指导企业实现最小的原材料和能源消耗、最低的有毒有害物质使用、最少的废弃物排放以及最便捷的报废产品再生循环。欧洲综合污染防控局针对每个具体的小类行业，统一起草了最佳可得技术参考文件 BREFs，该文件除了对最佳可得技术进行一般的分析和描述，还通过最佳可得技术相关的排放或消耗水平进行定量的评估和比较。

IPCC 出版的《IPCC 国家温室气体清单指南（1996 年修订版）》应用最为广泛。《联合国气候变化框架公约》（UNFCCC）要求其缔约国必须每年汇报各自国家温室气体的排放量，为了确保各个国家数据的透明性、一致性和可比性，UNFCCC 指定各国统一以 IPCC 指南中提供的温室气体产排污系数作为默认数据，编制本国或地区的温室气体排放清单。IPCC 除了不断更新和修订指南，还建立了排污系数的数据库。目前，IPCC 指南中的污染源涵盖了能源、工业过程和产品用途、农业、林业和其他土地利用、废弃物及其他等的 22 个大类行业、80 个中类行业、94 个小类行业；温室气体污染物包括 CO_2、CH_4、卤化醚等 14 种（类）温室气体以及 NO_x、NH_3、SO_2 等温室气体前体物。

1.2.2.3 国内研究现状

我国是世界上较早在全国层面上开展污染源普查时应用产排污系数的国家之一①。我国最早的、较为系统的产排污系数手册是由原国家环境保护局科技标准司于 1996 年出版的《工业污染物产生和排放系数手册》。该手册分三部分，第一部分为主要工业污染源产排污系数，包括有色金属工业、轻工、电力、纺织、化工、钢铁和建材 7 个工业行业；第二部分为主要燃煤设备的产排污系数，包括工业锅炉、茶浴炉、食堂大灶等；第三部分为乡镇工业污染物排放系数。该手册中提供的产排污系数早已成为环境规划、环境统计、环境监测和监督、排污收费、排污申报登记以及生产过程的污染控制等领域的重要基础数据。

该手册中提到了三次系数、二次系数、一次系数、个体系数和原始系数等概念，原始系数即企业使用自身数据计算出来的产排污系数，由于每个企业都有其自有的产品、生产工艺、生产规模、生产技术水平，因此原始系数千差万别，离散性非常大，属于基本样本点。从原始系数中选出同产品、同工艺、同规模、同技术水平的系数，根据其来源地不同按权重分配，可得出个体系数；从个体系数中选出同产品、同工艺、同规模的系数，根据其技术水平的不同按权重分配，可得出一次系数。以此类推，在一次系数的基础上根据规模不同可得出二次系数，在二次系数的基础上根据工艺不同可得出三次系数。由于三次系数是由所有工艺、规模、技术水平、数据来源互相排列组合而形成的系数通过加权得出，因此三次系数是该产品的最高综合系数。

随着我国经济和技术水平的飞速发展，产品的生产工艺及污染物防治措施的功能都有了很大的改进，原有的产排污系数已经严重失真，使用原有产排污系数将不能很好地反映企业真实的情况。为了矫正产排污系数的准确度，优化产排污系数的

① 曹群，郭正，潘琼，等. 工业源产排污系数在污染源普查中的应用分析[J]. 环境与可持续发展，2009，34（2）：14-15.

应用范围，2006 年 10 月，国务院委托相关单位开展了第一次全国污染源普查工作。在开展污染源普查的基础上，中国环境科学研究院组织开展全国污染源普查工业污染源产排污系数核算项目，并以此项目为基础编写了《第一次全国污染源普查工业源产排污系数手册》，产排污系数再一次得以系统化开发。产排污系数法是第一次全国污染源普查的重要核算方法之一，根据普查的范围和要求，产排污系数涵盖了工业源、生活源和集中式污染治理设施三大类的空气污染物、水污染物、固体废物共 28 种污染物指标，其中，工业源产排污系数是由中国环境科学研究院牵头，联合 25 家行业协会、科研单位、总公司、高校共同参与研究，开发了 32 个大类行业、351 个小类行业共计 10 504 个产污系数和 12 891 个排污系数；生活源和集中式污染治理设施的产排污系数由原环境保护部华南环境科学研究所组织相关单位共同研究开发，包括城镇居民生活源、住宿餐饮业、居民服务与其他服务业和医院四大类的产排污系数共计 2 397 个，其中，污水处理厂污泥产排污系数 135 个、城镇生活垃圾集中式处理设施污染物产排污系数 1 064 个、危险废物集中式处理设施污染物产排污系数 328 个。目前，这些系数已经应用于全国第一次全国污染源普查。

为满足我国环境管理的需求，近年来，在《第一次全国污染源普查工业源产排污系数手册》的基础上，国内不少学者对重金属产排污系数，尤其是针对缺失的相关涉重行业废气中的重金属产排污系数进行了补充和完善，如张靖①通过收集历史和实测数据，对镍冶炼过程中特征重金属污染物的产排污进行了核算，得出了相应的系数。

1.2.2.4　小结

总体而言，我国在工业污染源总量控制和产排污系数领域的研究已经积累了深厚的基础与丰富的应用经验，建立了世界少有的全国性总量控制制度以及配套的监测、评估、管理、核算技术体系，为应对我国前所未有、世界少有的环境压力发挥了历史性的作用。但我国总量控制与产排污系数的研究与应用，也存在地区与行业、企业差异偏大，相关标准与技术规程精细化程度不够等问题，需要在下一阶段以环境质量改善为主线、推进行业区域精细化中进一步完善。

① 张靖. 镍冶炼废气中重金属产排污系数监测数据法核算[J]. 有色金属工程，2013，3（3）：50-52.

1.3 重金属污染物统计与核算的技术问题

本章在对国内外重金属污染物排放量核算与统计体系进行研究分析时发现，我国现行的体系中基本包含了重金属污染物产生、排放情况，但仍缺乏针对重金属指标的技术要求和规范，导致以前的数据基础与技术方法不能满足环境管理的需要，具体表现在：

一是未对涉重金属企业所在行业进行界定，导致统计数据严重失真。我国统计体系对涉重金属工业企业的调查属于重点调查，要求采用全口径调查方法，即在同一地区（县或区）选取所有产生重金属污染的工业企业进行数据上报及汇总。但是在实际操作过程中，由于没有任何技术文件对“涉重金属企业”进行界定，通过目前的统计制度很难保证获得真实的地区（县或区）重金属产生量和排放量。实际统计中，调查对象的确定是以地方生态环境局对工业企业编号或者它们在相关部门注册为基础，并在上一次调查的基础上进行添加和删除，因此在重金属污染填报中涉及的所有工业企业是理论意义上的涉重金属企业，而非实际产生重金属污染的所有工业企业。例如，根据目前收集的资料，我国并未在正式发行的统计年鉴中对电镀行业、蓄电池行业和皮革制品行业的企业数量进行统计，故选取《中国环境统计年报》和《中国统计年鉴》中 2006—2011 年汇总的有色金属矿采选业、有色金属冶炼和压延加工业，比较各自统计的涉重金属污染物排放企业数。即便不考虑规模以下企业所产生和排放的重金属污染物比重，仅就规模以上企业而言，纳入《中国环境统计年报》统计范畴的有色金属矿采选业企业数量占《中国统计年鉴》中相应企业数量的比重不超过 73.48%，且呈现逐年下降趋势；而有色金属冶炼和压延加工业企业数量的比重虽然总体上呈现上升趋势，但也不超过 66.59%。这样导致的直接后果是，由于重金属的污染效应很强，但从绝对数量的角度来看，产生和排放重金属的企业数量比较少，缺少对其中一两家企业的统计就会造成严重的统计量下降，而其他工业污染物，例如 COD 或者氨氮，减少一两家企业并不会造成严重的数据失真。因此，填报企业不全的现象会被忽视而导致严重的数据失真。以 2011 年为例，当年统计的工业废水中国家重点控制污染物 COD 和氨氮的产生量分别为 3 447.5 万 t 和 173.4 万 t，而汞、镉、总铬、铅、砷的产生量分别为 0.002 万 t、0.26 万 t、0.85 万 t、0.38 万 t 和 1.00 万 t，即统计的重金属产生总量为 2.492 万 t，仅为 COD 产生量的 0.07%，为氨氮产生量的 1.44%。

二是重金属统计调查范围不全面，无法确定全社会重金属污染物排放总量，与真实情况存在一定差距。

在现行的统计体系中，调查范围要求中提到“有重金属污染物产生的企业均要纳入环境统计重点调查范围”，也就是说，在环境统计调查中，重金属企业为全口径调查，理论上包含了所有有重金属污染物产生的企业。在现行重金属污染调查体系下，我国每年对重金属污染物排放总量进行统计和调查，表 1-4 为 2001—2010 年我国重金属的排放量及其年均增长率。

表 1-4　2001—2010 年我国重金属污染物排放量及其年均增长率　　单位：t

年份	汞	镉	六价铬	铅	砷
2001	5.6	110.5	121.4	489.9	408.4
2002	4.8	105.6	111.1	484.8	346.1
2003	5.5	84.5	103.1	568.5	373.7
2004	3.0	56.3	150.8	366.2	306.1
2005	2.7	62.1	105.6	378.3	453.2
2006	2.6	49.4	96.4	339.1	245.2
2007	1.2	39.3	69.0	319.7	187.4
2008	1.4	39.5	75.3	240.9	215.0
2009	1.4	32.3	55.4	182.2	197.3
2010	1.1	30.1	54.8	140.8	118.1
年均增长率/%	−16.5	−13.5	−8.5	−12.94	−12.9

从表 1-4 中可以看出，我国废水中重金属污染物的排放量总体上是逐年下降的，从年均增长率来看其下降趋势相当明显。通过重金属污染物排放数据，可以大致判断出我国重金属污染程度自 2001 年以来在理论上呈现出改善趋势，污染总量呈逐年下降趋势。

但是，2006—2011 年，重金属导致的重特大饮用水突发环境事件占这段时期事件总数的比例最高，达到 31.58%（表 1-5）。可见，重金属污染物排放量统计值的下降，并没有取得重金属污染程度减轻的实际效果，这在一定程度上可归结为我国重金属污染物排放统计对象不全。

表 1-5 “十一五”以来我国重特大饮用水突发环境事件污染物统计

污染物	事件数量/件	占事件总数比例/%
重金属	12	31.58
一般油类	9	23.68
有毒有机物	6	15.79
多类别污染物混合	6	15.79
其他有毒无机物	4	10.53
富营养化物质	1	2.63

三是由于重金属污染物排放统计缺乏独立的统计指标体系，导致数据无法校验。从目前的环境统计体系来看，企业信息主要涉及产值、用水量、燃料用量、主要原辅材料用量、主要产品生产情况等指标。可能与重金属产排量核算相关的指标为“主要原辅材料用量”和“主要产品生产情况”两项指标。现行环境统计体系中对于“主要原辅材料用量”和“主要产品生产情况”的界定以是否与污染物产生密切相关为依据。这样一来，企业中排放量大的污染物对应的原辅材料和产品自然就会成为重点上报的信息。然而，由于我国重金属的产生量总体上远低于 COD、氨氮、二氧化硫等主要污染指标的产生量，无论在原辅材料中还是在主要产品的副产品中，重金属都难以纳入统计范畴，即使在我国重金属控制的 5 类重点行业中，重金属在所有污染指标中，其排放量也并不是最高的。

四是统计指标体系不完善导致的企业填报不正确，使现有数据无法准确反映重点行业、重点领域的重金属污染物排放情况，更不能反映重点行业、重点工艺的重金属污染物排放特点，无法为政府宏观调控、结构调整和产业升级提供有力的数据支撑。

在现行的报表体系中，重点调查基 101 表中共有 24 个重金属指标，废水、废气各 6 个重金属污染物，从理论上看，这些指标是所有企业都需要进行填报的，但在实际填报过程中发现，仅有少部分企业填报了有关重金属污染物的排放量，特别是废气重金属污染物指标。企业不填报的原因一方面是企业自身不知道且不会填报，这主要与当前环境统计制度中的填报要求不够明确、指导性不强有关；

另一方面与当前的指标体系有关，无法根据当前报表准确识别重金属污染物排放源，统计人员和统计管理部门不能有效控制填报情况。

指标体系的不健全一方面导致数据质量堪忧，另一方面导致无法掌握准确且全面的重金属污染物排放情况。在当前的指标体系中，对涉重重点行业或重点工序的重金属污染物排放情况掌握不全面甚至完全不掌握，特别表现在一些工艺较为复杂的涉重企业，例如，有色金属冶炼企业，由于现行的基 101 表没有工艺指标，也没有一套独立的行业报表，导致无法获得准确的行业重金属污染物排放情况，也无法获得不同工艺类型重金属污染物排放数据。而对一些特殊工艺或工序有重金属污染物排放的企业，由于多个行业存在同一涉重工序，从当前报表中无法获得涉重工艺重金属污染物排放量，例如电镀工序，电镀从行业类别上属于表面热处理行业，但是在实际生产中，汽车制造业、金属制品业均包含这一工序，而现行报表仅有行业情况指标，对有重金属污染物产生、排放的特殊工艺不进行单独统计，这就导致利用目前环境统计数据识别重金属污染物排放源的过程中会产生偏差。

五是核算方法选择不严谨，没有一套针对重金属污染产生、排放量核算的规则和方法，核心污染指标数据产生过程的不可控，直接造成数据不可靠，无法反映重金属污染产生、排放规律。

现行报表制度中仅规定了钢铁行业核算方法优先考虑物料衡算法，其他行业未规定详细的核算方法。我国让企业根据实际情况选择核算方法，看似灵活，但事实上很难有较好的操作性。3 种方法可任意选择，其前提条件应该是 3 种方法所核算的数据应该基本在同一水平，但在实际操作过程中，一些行业中存在 3 种方法核算值相差较大的现象，由于没有具体到行业、指标层面的核算指南或核算方法选用原则，无论企业还是生态环境部门都会倾向于对自己最有利的核算方法，即企业选择排放量最小的核算方法，而生态环境部门则会选择排放量最大的核算方法，这就导致很难确定哪个数据更能代表真实情况。

核算的另一个问题表现在核算方法中的一些参数无法获得，如利用产排污系数法时，产排污系数反映的是某一行业“四同”（同一产品、同一原材料、同一工艺、同一规模）下的企业平均水平，对核算具体某一个企业产排污的意义不大；《系数手册》给出的系数所代表的工艺水平较为落后，部分行业引进清洁生产工艺，导致《系数手册》中给出的产排污系数与生产实际差距过大。

六是尚未建立有效的数据质量控制体系和完善的质量控制技术，导致数据生产—汇总过程质量失控。

我国现行的环境统计报表制度中，建立了一套环境统计数据审核细则，按照各个污染源特点和重点行业特点从数据的完整性、规范性和合理性3个方面制定了详细的审核细则。我国缺少一套从数据填报到最终公布的全过程的质控体系，例如，在数据报表中没有体现针对重金属污染物排放的校核指标，在核算方法中也未设置详细的选用原则，同时在各级环境统计部门中也没有制定有区别的审核办法。

除此之外，针对重金属统计调查，目前还没有一套完整的数据审核细则，对各级审核部门来说，对重金属指标的审核完全依赖审核人员的经验，各地有不同的审核标准，一旦数据汇总到国家级层面上，将很难判断数据的质量。

综上所述，我国重金属污染物排放核算与统计依附于国家污染物核算与环境统计体系，其特点是总体分布式的，先调查总体状况，之后直接进行分类，包括产品、污染物种类、排污量和治污技术，这在一定程度上造成了涉重对象统计调查不全面、污染统计指标不完整、核算方法选择不严谨、数据质量控制体系不完善及审核细则缺失等问题。而US EPA设计了专门的重金属污染物排放核算与统计体系，已经将指标体系融入实际调查方法中，指标体系针对的是调查或者统计所要得到的结果即数据，数据的直观作用或者处理数据的结果直接决定了指标体系的内容和调查的方法，US EPA报表整体结果是循序渐进式的，也可以称为互动式，即先调查工厂或者企业的基本情况，然后让企业根据指标体系进行选填，这样企业可以依照报表要求详细上报其相关信息，这对我国重金属污染物排放统计具有很强的借鉴意义。此外，通过对监测数据法、产排污系数法和物料衡算法等主流污染物排放量核算技术进行比较发现，产排污系数法具有操作便捷、应用广泛等优点，结合我国环境管理的具体需求，更适合用于重金属污染物排放量核算。这为重金属污染物排放量核查核算与环境统计技术框架提供了总体研究方向与思路。

第2章　重金属污染物排放量核算框架研究

我国尚缺少一套针对重金属污染产生、排放量核算的规则和方法，重金属污染具有长期性、累积性、潜伏性和不可逆性等特点，危害大、治理成本高，研究清楚重金属污染物排放量核心指标、核算行业、核算指标等，对摸清重金属污染产生、排放规律，更好地服务于重金属环境管理进而减少重金属污染具有重要意义。

本书评估了重金属污染物排放特征和核算管理基础，在总结主要污染物总量减排核算经验的基础上，提出了重金属污染物排放量核算思路与基本原则，对核算介质、基准、单元、元素、行业进行了界定，对核算流程进行了初步设计，实现了重金属污染物排放量核算“从无到有”的重大转变。

2.1　核算框架设计的总体思路

2.1.1　重金属污染物排放特征和核算管理基础

重金属污染对环境的影响，与常规污染物特别是有机污染物相比存在明显差异，认识和分析重金属污染物排放特征，更好地确定核算范围，选择核算方法，避免为算数而算数，对服务重金属环境管理十分重要。

2.1.1.1　重金属污染物排放行业和区域相对集中

虽然重金属来源和分布十分广泛，但从排放量和环境影响程度来看，重金属污染物排放有具体明显的区域和行业集中分布特点（图 2-1）。重金属污染物排放的区域主要集中在经济发达的长三角经济带、珠三角经济带内，重金属产生量位居全国前十位的省份分别是浙江、甘肃、广东、江西、云南、福建、湖南、湖北、江苏和河南，共占全国产生量的75.68%；重金属污染物排放量位居全国前十位的省份分别是湖南、浙江、广东、云南、广西、江西、河北、湖北、山东、福建，共占全国排放量的72.95%。

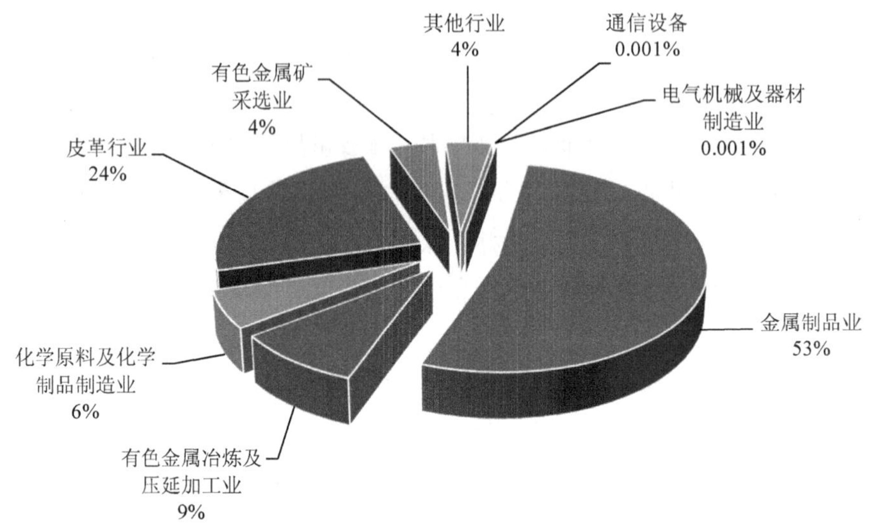

图2-1 我国工业废水5种重金属污染物排放的行业分布

同时，由于重金属物质物理性质和化学性质的相似性，重金属物质自身或与其他金属矿物存在较多的天然伴生关系，因此不同的重金属元素污染物排放存在较强的行业相关性，如镉在自然界中多与铅-锌、铅-铜-锌矿伴生，这也正是铅、锌、铜等有色金属矿开采、选矿、冶炼过程中铅、锌、镉污染严重的主要原因。砷的主要矿物有砷硫铁矿、雄黄、雌黄和砷石等，砷多伴生于铜、铅有色矿和煤炭中，含砷金属的铜、铅有色矿开发和冶炼过程以及煤的燃烧过程等都是砷排放的主要来源。

2.1.1.2 环境统计无法支撑排放量核算目标管理

环境统计是我国环境管理的重要手段和基础性工作，其中污染源污染物排放量统计是环境统计工作的重要内容之一。现行在年度环境统计制度对污染源要求中提到“有重金属污染物产生的企业均要纳入环境统计重点调查范围”，也就是说，在环境统计中，理论上包含了所有有重金属污染物产生的企业。按照重金属污染物排放量控制要求，环境统计作为国家调查和掌握重金属污染物排放量的重要工具，可以通过每年调查统计重金属污染源得到重金属污染物排放量的变化情况，实现区域和行业排放量核算目标管理要求。

但从前面对现行环境统计中重金属污染物排放调查统计的分析可知，尽管在现行的环境统计调查制度中逐步完善了重金属污染物产生、排放情况，但一是环境统计只有工业源废水重金属污染物排放情况，废气中重金属污染物排放情况未纳入环境统计，同时纳入重金属污染物排放量统计的企业和范围仍然不全面，很多污染源并没有纳入调查统计中。二是缺乏针对重金属污染物统计的技术要求和规范，直接导致统计人员和统计管理部门不能有效控制填报情况，重金属污染物统计数据产生过程出现不可控和不规范现象，重金属污染物排放量统计数据质量难以掌控。

2007 年，环境保护部门在环境统计基础上组织开展了第一次全国污染源普查，对包括重金属在内的污染源进行了更加广泛的清查和统计，普查范围和口径较环境统计大幅增加，数据质量也得到了明显提高。《规划》确定的排放量控制目标以 2007 年作为基准年也是基于污染源普查数据的统计范围更大、数据更全。2010 年，国家在第一次全国污染源普查基础上开展了污染源普查数据动态更新，但受环境保护管理工作任务和动态更新工作条件影响，污染源数据动态更新的重点仍然是常规的污染物，特别是在环保工作、标准政策中更为关注，重金属污染物排放数据并未作为重点，导致污染源普查数据动态更新的重金属污染物排放量数据依然存在较多问题。

总之，由于环境统计工作中对重金属污染物排放量重视不够、统计指标体系不完整、数据统计不系统、核算技术方法体系不完善等问题，导致目前我国环境统计中重金属污染物排放量与排放分布状况无法为《规划》实施和考核提供充分的技术支撑，需要在环境统计基础上，特别是借鉴环境统计的相关核算技术方法，设计重金属污染物排放量核算技术方法。

2.1.1.3 为主要污染物总量减排核算提供了管理经验

“十一五”时期，我国将 COD 和 SO_2 排放总量削减 10%作为“十一五”经济社会发展的约束性指标，从最初的COD和SO_2 2项主要污染物总量控制指标到“十二五”的 COD、氨氮、SO_2 和 NO_x 4 项主要污染物总量控制指标，不断扩大污染物总量控制的范围。为了规范主要污染物总量核算工作，统一核算范围、计算方法、认定尺度、取值标准，国家制定了主要污染物总量减排核查办法和核算细则，建立了相关的数据预测、测算和分析方法，形成了一套比较科学和可操作的核查核算技术体系，有效实现了减排的定量化管理。总量减排核算的思路和技术体系主要包括：

（1）总量核算确立了“淡化基数、算清增量、核准减量”的核算原则

“十一五”初期，污染减排的统计、监测等基础工作都很薄弱，核算体系的设计既要考虑与环境统计制度相结合，同时又要使核算数据准确反映各地区核算期主要污染物排放情况，因此在基础数据无法有效支撑减排核算的情况下提出了“淡化基数”的核算思路。淡化基数并不是不要基数、不考虑基数，而是在当时的数据条件下，不再将统计基数问题作为核算关注的重点，不将核算工作重心和精力放在核实地方上报的排放基数上，而是将核算排放变化量作为核算工作的重点，按照减排的目标要求，具体是核算各地区在核算期内主要污染物排放量变化情况，即核算每年的主要污染物排放的新增量和削减量，核算基数、口径、范围，减排核算强调分析年际动态变化。在核算的过程中，通过数据积累和发现的问题，逐步完善和加强数据统计的基础，对有问题的排放基础数据逐步进行调整和修正，最终实现基础数据的准确和归真。同时规定不在排放基数内的现有污染源不作为减排量核算的重点，保证核算体系的口径和范围一致。

随着主要污染物减排工作的不断深入和基础数据的日益完善，特别是在 2007 年国家组织开展了第一次全国污染源普查后，主要污染物基础数据薄弱的问题得到明显改观。在此基础上，国家结合污染源普查数据和减排核算数据对污染源的主要污染物排放情况开展了污染源普查动态更新工作，构筑一个科学、合理、有效，符合我国环境保护和污染减排工作要求的环境统计平台，而后统筹环境统计、污染源普查和 2009 年、2010 年污染源普查动态更新调查数据，确定了“十二五”

污染减排基数。“十二五”时期，国家将主要污染物减排核算的“淡化基数”调整为“遵循基数”，明确了以2010年污染源普查动态更新及“十二五”各年度环境统计数据作为“十二五”主要污染物总量减排核算的基础，核算污染物新增排放量、削减量和实际排放量。严格按照国家环境统计制度的规定，认真做好核算数据与“十二五”环境统计的衔接，确保数据的真实性和可比性。

（2）总量核算建立了与经济发展挂钩的新增量核算原则和技术方法

在主要污染物减排核算体系中，新增量以宏观测算为主。根据当年经济社会发展、资源能源消耗情况，以宏观核算和分行业核算相结合的方法核算新增排放量，使新增量核算数据准确反映各地区、各行业新增产量的污染物排放变化情况，与当地经济发展和污染防治工作实际情况相协调。新增量核算与GDP和能耗指标挂钩，根据当年经济社会发展情况（如GDP变化和耗煤量变化）分别核算COD和SO_2新增排放量。新增量的预测采用产排污系数法和排放强度法两种方法。其中城镇生活COD预测采用产排污系数法，工业COD、工艺产品SO_2预测采用排放强度法，煤炭消费量法测算燃烧产生的SO_2也属于产排污系数法。如城镇生活COD预测用产排污系数法，根据城镇常住人口数（或非农人口数）等社会统计数据中的年度新增城镇人口与COD产生系数乘积计算。

在工业新增量核算技术方法上，考虑到宏观核算涉及行业众多且差异较大，根据行业影响因素对部分测算方法规定了调整或修正方法。如工业COD新增量采用单位GDP的污染物排放强度法测算，但规定新增量测算的GDP增长率为扣除低COD排放行业贡献率后的GDP增长率，低COD排放行业包括电力业（火力发电）、黑色金属冶炼业（钢铁）、非金属矿物制品业（建材）、有色金属冶炼业、电气机械及器材制造业、仪器仪表及文化办公用品机械制造业和通信计算机及其他电子设备制造业7个行业。对工业SO_2新增量的核算分别按照火电行业SO_2排放量和非电行业SO_2排放量进行测算，其中新增火电SO_2排放量按统计火力发电量和标准煤耗计算发电耗煤量，按辖区平均煤炭硫分确定新增电量导致的SO_2产生量；而非电SO_2排放量用主要耗能产品（粗钢、有色金属、水泥、焦炭等）的排放强度法和排放系数法测算新增量数据，“取大数”原则确定非电SO_2新增量。这些调整和校核方法进一步增加了新增量核算的科学合理性。

“十二五”时期，国家对新增量核算方法做了进一步完善，在宏观核算方法体系之外，电力、钢铁、水泥、造纸及纸制品业、纺织业排放量采用全口径核算方法，推动总量减排由宏观核算向更为精细化的分行业、到项目的核算方式转变，使污染物新增排放量逐一落实到污染源，使核算数据更为准确地反映行业发展状况和污染治理工作实际情况。

（3）总量减排核算分项目类型制定了具体详细的削减量核算技术方法

按照主要污染物减排核算技术方法，减排量核算与工程措施挂钩，分行业、分地区按照工程、结构、管理 3 类措施对减排项目逐一核实削减量。减排项目以能形成连续稳定削减能力的硬件建设为主，主要包括治理工程减排项目（城市污水处理厂、企事业单位污染治理工程、燃煤电厂脱硫工程、非电企业脱硫工程）、结构调整减排项目（按照国家产业政策和有关规定取缔关停的企业、生产线、设施等）、监督管理减排措施（主要是企业清洁生产方案、污染物排放稳定达标）。治理工程的削减量主要核算方法是按照实际运行时间、处理水量和处理效率计算削减量，要求翔实核查工程措施实施前后污染物排放变化情况，核准削减率和削减量。结构调整减排项目削减量核算方法是按照上年纳入环境统计的排放量减去当年实际排放量计算其削减量，要求核清结构减排项目，仔细清查淘汰关闭的生产线或工艺设备，基于核算期上年环境统计排放量和排放基数合理核算削减量。监督管理减排措施主要是通过加强对原有治污设施的监督管理新增削减量，其减排量测算方法与治理工程项目类似，要求核实管理减排项目，强化污染治理设施中控系统和自动监控设施的监督检查，实时监控污染治理设施运行情况，确保其稳定高效运转。

为鼓励各地加快推进产业结构调整，加大重污染小企业关闭淘汰力度，减排核算中对不在基数范围内的关停企业核算一部分削减量，具体方法是按照监测数据、物料衡算、产排污系数等方法核算取缔关停企业、设施实际排放量，但纳入核算范围的该类企业削减量合计不能高于本地区上年度基数工业排放量的 3%。

（4）总量减排核算设计了资料核算与现场核查相结合的核算手段

主要污染物减排重点是核算各省份核算期主要污染物排放量变化情况。按照核算办法，以资料核算为重点，结合现场核查，逐一核算各地上报的新增排放量和减排工程削减量。资料核算主要是根据社会经济发展和资源能源消耗情况、减排项目台账、核算期减排工程项目详细清单及相关验证文件等对本区域内的主要污染物总量减排情况进行核算。现场核查主要是在资料核查的基础上，现场核查重点企业排放达标情况、减排工程建设与运行情况，抽查验证削减量计算结果。资料核算与现场核查情况交叉印证，提高核算结果的真实性与准确性。

从主要污染物总量减排的工作经验来看，科学、系统的核查核算方法的建立是实施减排工作的重要基础和保障。在“十一五”主要污染物减排核算工作中，总量减排核算体系有效规避了基础数据薄弱对核算工作的干扰，减少核算工作量的同时又在全国统一的标准下，促进各地污染减排工作的开展，是一个相对科学、规范和操作性强的体系。随着主要污染物减排工作的不断深入和拓展，减排核算体系和技术方法也不断细化、完善，已经建立了一套完整、系统的总量核算技术体系，成为指导污染减排工作开展的全过程管理体系的重要组成部分。从总量减排核算技术体系上看，减排核算统计确立以“基数、新增量、削减量”为 3 个支点的核算原则以及新增量与国内生产总值（GDP）和能耗指标挂钩、减排量与工程措施挂钩的核算技术体系。考虑到总量减排和重金属污染物排放量控制工作要求和工作内容的相似性，学习和借鉴总量减排核查核算技术体系，对建立重金属污染物排放量核算框架具有重要的参考价值，对确定重金属污染物排放量核算技术也具有很好的借鉴和启示。

2.1.2　排放量核算涉及的主要概念

2.1.2.1　污染物排放量控制

几乎所有的重金属污染物排放都有两个方面的来源，一是自然来源，二是非自然来源。非自然来源主要是指人类活动带来的重金属污染物排放，其中主要污染源是人类工业生产活动产生和排放的重金属污染物，这也是本书开展研究分析的目标。排放量一般是指重金属污染源排入外环境或其他集中处理设施的重金属污染物的量。对同一污染源来说，其排放的重金属污染物可能是一种或多种，通常情况下，由于不同重金属污染物排放存在较强的行业相关性，如在自然界中铅、锌、铜等有色金属矿往往与多种重金属污染物伴生，因此有色采选、冶炼企业排放的重金属污染物包含很多种。在环境管理中，从污染物对环境的危害和影响角度，通常的排放量是指重金属污染源排入外环境的重金属污染物的量，也就是对指定的重金属污染物，污染物排放量应是污染物产生量与污染物削减量之差，它是总量控制或排污许可证中进行污染源排污控制管理的指标之一。

排放量控制是生态环境主管部门根据技术、经济、环境、管理等因素，对污染源排放的污染物在一定时间内实施排放量控制。在实际的管理工作实践中，排放量控制也会扩展为对一定区域或行业一段时间内的污染物排放量实施控制，行业或区域内所有排放控制目标污染物的污染源均要纳入排放量控制范围，也就是说，在区域或行业排放量控制中，污染源为全口径管理，理论上包含了所有有污染物排放的企业。按照《规划》对排放量控制的要求，重点区域和非重点区域中有重金属污染物排放的企业均要纳入排放量控制范围，也就是说，在重金属污染物排放控制中重金属企业为全口径调查，理论上包含了所有有重金属污染物排放的企业。

2.1.2.2 污染物新增量

顾名思义，污染物新增量是相对于污染物排放存量而来的，一般是与上年同期相比，由于工业生产活动新增加的污染物排放量。对单个企业来说，一家企业的投产、企业的产能扩大或产能利用率提高通常都会导致污染物排放量的增加，这部分增加的排放量就是污染物新增量。但应该注意的是，从企业污染物排放的全过程分析，在有些情况下企业的产能扩大或产能利用率提高只表现为污染物产生量增加，由于污染物去除率提高排放到外环境的污染物数量不仅不增加，甚至有可能减少。对一个区域来说，区域的污染物新增量是区域范围内所有污染源排放到外环境的污染物与上年同期相比增加的排放量，当区域存在污染物集中处理设施时，应把集中处理设施和污染物排入集中污染治理设施的所有污染源一并考虑，这时区域内的企业的污染物排放量增加，但企业污染物进入集中处理设施处理后，排放到外环境的排放量有可能不增加，导致区域无污染物新增量。

从主要污染物减排的工作实践上看，总量减排目标实现的最大不确定性因素主要来自经济社会发展的不可控性带来的新增量。理论上，如果排放强度保持不变，资源能源消耗增加、产品产量增长必然带来污染物排放量增长，在经济高速发展阶段，排放强度下降的技术进步和末端治理往往难以跟上产业发展的速度，导致新增排放量大幅增加。近年来，我国主要涉重金属产业快速发展，如精铅产量年均递增 14.9%，铅产量占全球总量的比例从 1996 年的 12%增长到 2005 年的

31%，铅产量和消费量连续多年位居世界第一。涉重产业的快速发展带来重金属污染物排放量的大幅增加，同时期我国重金属环境污染问题日益凸显，重金属污染导致的环境事件高发。

2.1.2.3　污染物削减量

污染物削减量是指污染源采取污染防治措施（包括建设污染治理设施、实施清洁生产等）后，某种污染物被去除的数量。一般情况下，一个污染源的削减量是污染防治措施去除掉的污染物数量，但在排放量核算的环境管理中，污染物削减量指与上年同期相比，污染防治措施新增加的污染物去除量。如一个污水处理厂当年和上年的 COD 去除量都是 3 000 kg，但在总量减排核算中，该污水处理厂当年与上年相比没有增加污染物去除量，因此削减量为 0。

2.1.2.4　污染物削减率

污染物削减率指某一时期的污染物排放量与上年同期排放量的差值，占上年同期污染物排放量的百分比，也称削减比例，如以一年为周期用公式表示即

$$\text{污染物削减率} = \frac{\text{当年排放量} - \text{上年排放量}}{\text{上年排放量}} \times 100\%$$

污染物削减率不同于污染源的去除率，污染物削减率表示时间上同比关系的变化率，污染源去除率不涉及同比关系，通常表示污染治理设施的污染物削减量相比于进入污染治理设施的污染物数量的百分率。

污染物削减率常作为实施排放量控制的指标，主要污染物总量排放控制和《规划》中的污染物排放量控制目标都是削减率目标。

2.1.3　核算思路与基本原则

2.1.3.1　核算的基本思路

从工作要求、工作内容和管理手段上看，重金属污染物排放量控制与主要污染物减排是非常相似的，都是力求通过采取一定环保措施和环境管理手段对污染

物的排放实现量化管理。与总量减排核算初期的形势一样，重金属污染物排放量核算也同样面临统计、监测等基础工作都很薄弱的问题，甚至问题更为突出。因此，在重金属污染物排放量核算思路上，可以充分吸收和借鉴主要污染物减排核算的经验，同时结合重金属环境管理的特点，有针对性地设计重金属污染物排放量核算思路。

（1）测算年度重金属污染物排放量的绝对量和相对变化量

按照《规划》对重金属污染物排放量的控制要求，虽然控制目标是削减率，但在实际重金属污染物排放量核算中需要得出国家《规划》中重点防控区域和非重点区域的排放量，才能根据排放量计算变化比例，即重金属污染物排放量核算结果有绝对量和相对量两种形式。绝对量主要包括核算污染源和区域的重金属污染物排放量，相对量主要是核算当年排放量与上年排放量相比，升高或下降的比例，得出排放量削减量。由前面的削减率概念可知，污染源和区域的重金属污染物排放量的核算是计算排放量削减量的基础。

（2）采用核算年度变化新增量和削减量的路线

理论上，重金属污染物排放量核算可以对所有的涉及重金属污染物排放的企业实施全口径统计核算，分别核算并汇总每个重金属污染物排放源的重金属污染物排放量，然后对比上年排放量，得出重金属污染物排放量的削减率。考虑重金属污染源并不像 COD 等常规污染物分布量大面广，重金属污染物排放的行业分布具有相对集中的特点，如果对涉重金属重点行业开展全口径核算，工作量和工作难度都比主要污染物减排核算要小。但是现阶段重金属污染物排放统计极为薄弱的现状造成全口径核算困难重重，重金属污染物排放统计较“十一五”初期的主要污染物排放量统计数据基础更弱，统计的覆盖面严重不足，统计核算的技术方法和基础能力缺失，企业重金属污染物排放监测尚处于初始阶段，在 2007 年第一次全国污染源普查和随后的污染数据动态更新中，涉重金属企业重金属污染物排放量也没有引起足够重视。因此，重金属污染物排放量核算采用全口径的核算方案在环境管理基础条件尚不具备的情况下并不现实，只能在工作中逐步完善和加强基础数据，随着对重金属污染源的调查核算逐步加强，逐步实现部分有条件的重点行业全口径核算，类似于“十二五”主要污染物减排核算中对电力、钢铁、水泥、造纸及纸制品业、纺织业等行业开展的全口径核算方法。

主要污染物减排核算在基础条件类似的情况下建立了新增量和削减量分开核算的方法，在实际核算工作中取得了很好的效果。重金属污染物排放量核算的思路可以借鉴主要污染物减排核算的经验，在明确基数核算范围的前提下将企业排放分为排放量新增量和削减量两个方面，对污染源核算新增量和削减量，通过新增量和削减量的变化测算重金属污染物排放量。采用新增量和削减量为核算目标的技术方法时，根据一定条件只筛选出新增量和削减量发生变化的企业或污染源，对重金属污染物排放量没有发生明显新增或削减变化的企业和污染源可以默认为其年度排放量没有变化，不再开展排放量核算。这样可以大幅减少排放量核算的工作量，大量的涉重金属企业因为没有发生明显的排放量变化而不需要再核算排放量，同时也在一定程度上淡化了重金属污染物排放统计核算基础薄弱的影响。

（3）新增量和削减量统一按照项目法核算

主要污染物减排核算体系中，削减量按照项目法分类核算，新增量主要按照经济增量（GDP 或工业增加值）和煤炭消费变化的宏观核算方法。考虑重点重金属污染源行业集中、类型单一、数量明确，特别是在某一个重点区域内，由于空间范围小、行业分布集中，因此一个区域或行业的重金属污染物排放量核算可以统一按照项目累加法核算新增量和削减量，也就是说无论是重金属污染物新增量核算还是削减量核算都可以采用项目法，不再像主要污染物减排核算那样采用宏观测算的方法核算，不再和工业增加值、GDP 等宏观经济量挂钩，这符合重金属污染物排放特点，也是与总量减排核算方法最大的差异。按照项目核算新增量有利于将新增排放量结合行业产品产量变化量落实到具体区域和企业，更加准确地反映地区涉重金属污染物排放行业的污染物排放变化情况。

（4）确保基数固定和核算数据同口径比较

排放基数是开展重金属污染物核算的工作基础，是衡量和考核重金属污染物排放量控制成效的基准。主要污染物减排核算制定了“淡化基数”的思路，随着污染源普查及相关数据的动态更新，“十二五”时期改变为“遵循基数”。从排放量核算的要求上看，要核算排放量削减率，必然无法脱离基数的问题，否则无从比较削减率，因此排放量基数必须固定下来，不能随意变动。基数固定也是为了确保核算数据的同口径比较。

2.1.3.2 新增量和削减量核算的基本原则

主要污染物减排核算对新增量核算和削减量核算提出了“算清增量，核准削减量”的核算路线。算清增量主要是基于新增量核算采用宏观核算方法，根据当年经济社会发展、资源能源消耗情况，以宏观核算和分行业核算相结合的方法核算新增排放量，因此要算清新增量以使新增量核算数据准确反映各地区、各行业新增产量的污染物排放变化情况，与当地经济发展和污染防治工作实际情况相协调。核准削减量主要是基于削减量依据不同工程项目类型采用不同的技术方法核算，同时要采用资料审核与现场抽查相结合的方式逐一核实削减量。在学习减排核算思路并结合重金属排放量核算需求和基础条件分析后，重金属污染物排放量可以按照“增量落地、减量查清”的原则进行核算。

（1）增量落地的原则

重点重金属污染源主要集中在有色金属采选冶炼、铅蓄电池、电镀等行业，企业的数量和规模相对明确，因此在核算基本思路中确定新增量采用项目法核算，直接将新增量落实到一个个具体的企业和生产项目；同时由于重金属物质的迁移富集特性，重金属污染物的产生和排放与企业的产品产量的关系非常紧密，因此具备了在新增排放量核算中采用行业产品产量变化量校核新增量项目的产品产量变化量，通过校核进一步将新增量落实到具体区域和企业的条件。重金属污染物排放量核算不采用宏观核算方法，特别是不与 GDP、工业增加值等经济发展数据挂钩，有助于真实地反映地区涉重金属污染物排放行业的污染物排放变化情况。在新增量核算中，区域、行业涉重产品产量变化可以采用统计部门或行业管理部门的统计数据作为宏观校核数据。

（2）减量查清的原则

按照工程项目类型确定具体详细的削减量核算方法，减排量核算与工程措施挂钩，只有削减量稳定、可靠、可核证的工程项目才可纳入削减量的核算。依据统一的核算方法、认定尺度和取值标准，分行业、分地区对减排项目逐一核实削减量。核实工程减排项目，翔实核查工程措施实施前后污染物排放变化情况，核准削减率和削减量；核清结构减排项目，仔细清查淘汰关闭的生产线或工艺设备，基于核算期上年环境统计排放量和排放基数合理核算削减量；核实管理减排项目，强化污染治理设施中央控制系统和自动监控设施的监督检查，实时监控污染治理设施运行情况，确保其稳定高效运转。验证和校核上报项目的削减量一要靠严格的资料审核，二要靠削减量贡献大项目的现场核查，充分利用各类佐证材料加强削减量的查清工作。在条件允许的情况下，逐步推行重点行业全口径核算。

2.2　核算框架

按照重金属污染物排放量控制的目标要求，具体是要核算《规划》确定的重点区域和非重点区域核算期重金属污染物排放量变化情况。理想状态下重金属污染物排放量核算采用行业全口径、全元素，对废水、废气及固体废物中重金属污染物排放量进行逐一核算。在理想状态下，宏观层面核算区域排放量与项目层面排放量计算总和相同，废水、废气、固体废物及无组织排放中重金属污染物排放量满足平衡。

但在实际核算中，由于重金属污染物排放与重点行业密切相关，加之我国涉重金属行业中小企业多，排放统计基础薄弱，重金属污染物排放统计范围和指标体系尚不全面，排放系数不完善，给重金属污染物排放量核算造成了很大困难。因此我们结合重金属污染物排放特点、考核要求和其他领域开展核算工作的经验明确核算的界限，统一核算范围、计算方法，在一个统一的标准下以保证核算结果的可比性。

2.2.1　核算介质

重金属不同于其他常规污染物，重金属不能在环境中降解，只能发生各种形态相互转化和分散，在水、大气和固体废物、土壤等不同环境介质中迁移，因此重金属污染问题涉及大气、水、土壤、固体废物等多个领域。重金属污染物排放介质包括水、大气和固体废物 3 个方面。相对于水和大气介质中的重金属污染物排放，涉及重金属污染物排放的重点行业（如有色金属矿采选业和有色金属冶炼及压延加工业）都是固体废物产生的主要行业。我国固体废物管理方法是在延续废水和废气排放管理的思路之上逐步建立的，也存在基数不清问题，根据环境统计数据，2012 年我国危险废物产生量为 3 465 万 t。但是据专家研究估算，目前我国每年危险废物产生量应超过 1 亿 t。由于危险废物的产生和流向等底数不清，《规划》未对固体废物中重金属污染物提出量化的排放控制要求。同时从重金属污染物的迁移转化特性考虑，重金属污染物往往是从废水和废气转移到废渣中，从源头控制和减少重金属污染物也是减少固体废物中重金属污染物的有效手段，比单纯末端控制固体废物中重金属污染物排放可能更为有效。因此，结合《规划》要求和现实情况，重金属污染物核算将只包括涉重金属企业废水和废气中排放的重金属污染物排放量。

2.2.2 核算基准

虽然重金属污染物排放量基础薄弱、数据覆盖度差，但重金属污染物排放量核算仍无法完全脱离排放基数统计。就如同主要污染物减排核算一样，淡化基数不等于抛开基数、不要基数。排放基数是排放量核算的基础，只有在这个基础上核算重金属污染物排放量变化比例，才能使核算数据具有可比性。在排放量核算基数的问题上，《规划》编制的数据基础是 2007 年第一次全国污染源普查数据，排放量控制定量化核算要求也是以 2007 年为基础，因此针对《规划》重金属污染物排放量核算的基准年就是 2007 年，核算的基数也应是 2007 年的污染源普查数据。第一次全国污染源普查涵盖了重金属污染物排放源的数量、行业和地区分布，主要污染物及其排放量、排放去向、污染治理设施运行状况、污染治理水平和治理费用等情况，污染源普查数据作为核算基数不仅要求重金属污染物的产生量与排放量数据以 2007 年第一次全国污染源普查数据为基础，更包括 2007 年第一次全国污染源普查的涉重金属污染源数据以及除排放量之外的其他污染源数据信息，包括原料、生产工艺、生产规模、产品等信息都是重金属污染物排放量的核算基数。由于 2007 年第一次全国污染源普查缺少废气中重金属污染物排放量数据，因此废气中重金属污染物产生量与排放量数据可以基于 2007 年第一次全国污染源普查的重金属污染物排放污染源产品产量等数据，按照产排污系数法进行测算。不在考核基数口径内的原有污染源（2008 年之前的污染源）不作为考核的重点，保证数据口径系统匹配。无组织排放未纳入污染源普查和环境统计口径，不作为排放量考核的重点。2007 年后新（改、扩）建涉重项目，污染物新增量在环境统计中计列后，后续年份深度治理等减排量可以纳入考核范围。

2.2.3　核算单元

对于需要核算重金属污染物排放量的空间范围，《规划》目标中已经有了明确的规定，即重点区域重点重金属污染物排放量比 2007 年减少 15%，非重点区域重点重金属污染物排放量不超过 2007 年水平。《规划》中划定重点防控区域为重金属污染物排放相对集中的地区，确定原则是涉重产业密集地区或环境质量严重恶化区域，从范围上来说边界落实至乡镇（或矿区、工业园区等），有些是连片的重点防控区以及超过区县层次的重点防控区。非重点区域的范围在《规划》中并没有明确定义其空间范围。从环境管理角度考虑，为了有效落实重金属污染物排放量控制的目标，需要将排放量控制任务落实到责任主体和实施主体。从主要污染物减排的实施经验来看，各级地方政府是污染减排目标的责任主体，各级政府要通过合理配置公共资源和有效运用行政力量，确保减排约束性指标实现，这也是我国地方对当地环境质量负责的具体体现。重金属重点防控区范围与行政区范围并不一致，因此从落实责任角度来看，重金属污染物排放量核算需要进一步明确核算的区域范围，需要明确核算的具体区域范围是重金属重点防控区域还是重点防控区所在的区县层次，直至省一级。按照可考核的要求，重金属污染物排放量核算应以行政区为核算单元，以行政区为边界分别核算。重点区域按照区域所在县（市、区）行政区进行核算，重点区域跨两个或两个以上县（市、区）的，原则上每个县（市、区）均按照该重点区域削减比例要求进行考核。将各省（区、市）辖区内全部重点区域相应县（市、区）外的其他所有地区作为一个非重点区域进行整体核算。

2.2.4　核算元素

在主要污染物减排核算中，COD 和 SO_2 等在某种程度上是一种主要污染物。重金属元素种类众多，同一种重金属元素往往有多种价态的存在形式，不同价态的特性和环境危害性也有很大差异。典型的如铬有三价铬和六价铬的存在价态，六价铬比三价铬毒性要大很多。因此重金属污染物排放量核算也要明确核算元素，如对铬，我国目前的环境统计中就存在六价铬和总铬两个指标。按照《规划》要求，重点重金属污染物主要包括铅、汞、镉、总铬和类金属砷 5 种，但在不同重点区域排放重金属污染物的行业不同，排放的重金属污染物种类也不同，每个重点区域重点防控行业的重点防控重金属元素是 5 种重金属中的一部分或全部，部分重点区域还涉及 5 种重金属之外的重金属元素（如锰、锌等）。由于重金属往往发生各种形态相互转化和分散、富集（迁移），更主要是因为按照毒性不同区分不同形态的重金属，进而在现实条件下进行核算难以实现，因此一是需要根据重点区域主要防控重金属污染物种类开展排放量核算，但是每种重金属污染物核算的思路和方法应该基本一致。由于重金属污染物排放的行业相关性特征，在同一重点区域对主要防控重金属污染物采取排放控制措施的同时，其他一些重金属污染物也能得到有效控制。二是《规划》确定的削减目标并未明确是针对每种重金属元素还是所有重金属元素之和，因此对《规划》的区域排放量核算要研究确定是针对区域内每种重金属元素同比例削减还是区域内重金属污染物排放量总和削减。考虑重金属元素的危害性大，且排放相关性大，因此重金属污染物排放量核算可以按照元素单独计列、单独核算，同时原则上不考虑重金属存在价态的影响。

专栏 2-1　重金属不同存在价态对环境的影响

水体中金属有利或有害不仅取决于金属的种类、理化性质，而且还取决于金属的浓度及存在的价态和形态，即使有益的金属元素浓度超过某一数值也会有剧烈的毒性，使动植物中毒，甚至死亡。金属有机化合物（如有机汞、有机铅、有机砷、有机锡等）比相应的金属无机化合物毒性要强得多；可溶态的金属又比颗粒态金属的毒性要大；六价铬比三价铬毒性要大等。金属铬无毒，化学性质很稳定，三价铬的毒性较小，而六价铬毒性较大。各种汞化合物的毒性差别很大，元素汞基本无毒；无机汞中的升汞是剧毒物质，有机汞中的苯基汞分解较快，毒性不大；甲基汞进入人体很容易被吸收，不易降解，排泄很慢，特别是容易在脑中积累，毒性最大，如水俣病就是甲基汞中毒造成的。元素砷的毒性极低，砷化物均有毒性，三价砷化合物比其他砷化合物毒性更强。

2.2.5　核算行业

从主要重金属铅、汞、镉、铬和砷的排放来源和分布情况看，重金属污染物广泛存在于矿山、冶炼、金属处理、电解、电镀、电子、电池、油漆、颜料及医药、农药等工业行业生产排放的废水、废气以及固体废物中，但大部分行业排放量并不大，少数的几个行业如有色金属矿采选业、有色金属冶炼及压延加工业、金属制品业、皮革及其制品业、化学原料及化学制品制造业占排放量的绝大部分，现实中重金属环境污染重、危害大的主要也是这几个行业。同时，限于核算技术和监测基础条件，很多行业目前无法开展重金属污染物排放量核算。综合考虑重金属污染物排放控制要求和环境危害性，重金属污染物排放量核算初期以重金属污染物排放量分布集中的几个行业为核算重点，并将其他具备核算技术方法和监测条件的行业纳入核算范围。排放重点重金属污染物的社会源和生活源原则上不纳入考核范围。不同行业的企业排放的重金属污染物种类不同，排放量核算需要根据重金属污染物种类分别核算。未来像主要污染物总量减排一样，随着工作深入和基础加强，逐步拓展重金属污染物排放核算的工业行业。

综上所述，本书有针对性地分析重金属核算需求，基于重金属环境管理的现状，按照科学合理、可操作性强、简单实用的设计思路构建了重金属污染物排放量核算框架（表 2-1），确定了重金属污染物排放量核算的基本思路和核算口径。

表 2-1　重金属污染物排放量核算框架

主要方面	存在的问题	设计方案
核算思路	统计基础较弱，覆盖面严重不足，排放监测不能支撑	重点考虑年度变化新增量和削减量，不做全口径排放量核算
核算行业	行业多，企业数量多、行业管理基础差异大	不做行业全口径核算，以重点工业行业源为主
排放基准	企业未全部纳入统计范围、数据不全	以 2007 年第一次全国污染源普查数据为基数，同口径比较
核算单元	《规划》防控区域与行政区不挂钩	按照行政区范围核算，落实责任
核算介质	重金属涉及废水、废气和固体废物，但固体废物无排放控制要求	重金属污染物排放量核算废水、废气中污染物排放量
核算元素	不同区域元素不同，重金属有不同价态	单元素核算，不考虑价态影响

2.3 核算技术体系

重金属污染物排放量核算的主要工作内容是核算重金属污染物排放量变化情况，在明确核算的基本思路、核算口径和范围的情况下，要通过一定的技术方法准确地将具体企业和项目的重金属污染物新增量和削减量核算出来，通过单个企业和项目的重金属污染物新增量和削减量累加最终得出区域的重金属污染物排放量和削减率。对于具体企业和项目的核算，一是要考虑2007年污染源重金属污染物排放基础状况，二是需分析影响重金属污染物排放的全过程，包括新增、削减两个方面，同时还要考虑企业的产生量情况，在上述基础上研究确定企业的排放量核算方法。

2.3.1 环境管理中主要核算方法的应用情况

监测数据法、产排污系数法及物料衡算法是当前我国政府及生态环境职能部门针对工业污染源展开的环保业务中应用最广泛的3种核算方法。这3种方法中监测数据法在数据相对准确可靠时，获取的结果更直接和全面，适用范围广，可以直接得到污染源的污染物排放量，但同时受监测频次和监测时工况影响较大，若无法有效控制监测数据质量会严重影响最终排放量数据的准确性；物料衡算法在理论上是最科学合理的方法，但在实际应用中受企业生产过程中原料和产品的流失、损耗等限制因素较多，因此应用范围仅限于一些特性企业、特定工艺的污染物，且核算数据往往是理想数据；产排污系数法简单、经济，应用范围广，是2007年开展的第一次全国污染源普查使用的主要核算方法，但产排污系数法需要伴随工艺及技术的发展不断更新修正。3种方法比较，相对而言，产排污系数法更有优势。工业源产排污系数反映了工业企业在“四同”条件下的单位产品（原料）的污染物排放的规律，既是理论上计算推导的值，又是实测大量企业得到的平均水平，在一定样本数的基础上，较为客观地反映各地、各类污染源总体上的排污状况。这对国家掌握宏观情况、做出科学决策是非常重要的，能够总体上准确把握污染物的排放状况，包括分类、分区污染物的排放及污染源的结构、数量等各种有用的信息。

主要污染物总量减排核算中，新增量和削减量核算根据行业、项目类型不同分别采取不同的核算技术。新增量以宏观核算为主，与 GDP 和能耗指标挂钩，具体核算方法视不同领域和行业分别采用产排污系数和排放强度核算；削减量核算以工程项目、淘汰企业为主要核算对象，工程项目主要按照处理量和处理效率核算削减量，对取缔关停的企业采用监测数据法、物料衡算法、产排污系数法等方法核算削减量。

2.3.2　重金属污染物排放量核算方法

企业和项目的重金属污染物排放量方法选择上，结合我国环境管理的具体需求和核算对象，产排污系数法更适合用于掌握我国各工业行业整体的产排污状况，也是日常环境管理和相关环境政策制定中使用最广泛的技术方法，产排污系数法是统计、普查和总量减排核算中测定污染源污染物产生量和排放量的基本技术方法之一，如在第一次全国污染源普查工作中，产排污系数法是开展污染源普查主要的和应用最广泛的核算方法，根据普查的范围和要求，产排污系数法涵盖了工业源、生活源和集中式污染治理设施三大类的空气污染物、水污染物、固体废物共 3 种污染物指标，全国绝大多数工业源采用产排污系数法进行污染物产排量的测算和核定。

因此重金属污染物排放量核算方法应重点考虑以产排污系数法为主要测算方法，特别是在核算项目重金属新增量时，产排污系数法应作为第一选择的核算方法，在不具备使用产排污系数法的条件时采用监测数据法、物料衡算法等方法，这也是当前重金属污染源监测尚未全面开展、监测质量和监测水平不足的现状所决定的。基于具体企业的产排污系数法，是从企业层面分析企业规模、生产原材料、产品种类、产量变化以及末端治理技术设备等因素，确定与企业实际情景相吻合的重金属产排污系数，分行业、分重金属元素、分环境核算介质存在变化因素的各涉重企业重点重金属污染物新增排放量，各企业累加法测算结果即为所核算区域的新增排放量。核算削减量的对象是污染治理设施时，无法应用产排污系数法，应参考总量减排核算方法，通过监测得到污染治理设施的处理量和处理效率，核算削减量，按照区域内项目累加计算区域削减量。

对于区域重金属污染物排放量，按照区域内所有核算项目的新增量和削减量累加计算区域新增量和削减量，最终得到区域的重金属污染物排放量。同时也可以借鉴主要污染物减排核算中区域新增量宏观测算方法，对区域新增量采用宏观核算方法进行核算，区域的宏观核算方法得到的结果可以与项目累计的结果进行对照和比较，相互交叉校核，进一步提高区域排放量核算的准确性。不同于总量核算新增量宏观测算，重金属新增量宏观测算是按照涉重金属污染物排放的产品产量，采用宏观统计数据校核，主要目的是校核按照项目核算的区域新增量，避免出现少报和漏报新增量项目的情况，更好地实现新增量落实到企业和项目上的目标，保证区域重金属污染物排放量变化与涉重金属产业发展情况整体保持一致。

2.4 核算流程

2.4.1 基础调查

基础调查是开展排放量核算的基础，主要目的是调查涉重金属污染源企业信息、生产和污染物排放的基本情况。基础调查应按照核算确定框架内容从核算区域范围、核算区域的基础信息（包括排放和行业等基础数据）、核算重金属种类、核算对象等方面进行（表 2-2）。

表 2-2 核算影响因素分析识别

类别	编号	涉及内容
区域范围	A1	核算区域范围
	A2	核算区域面积
	A3	核算区域所在行政区
区域基础信息	B1	废水中 5 种重金属产生量和排放量
	B2	废气中 5 种重金属产生量和排放量
	B3	主要涉重行业分布
	B4	涉重企业数量
	B5	涉重行业 5 种重金属产生量和排放量
	B6	涉重行业主要产品产量

类别	编号	涉及内容
核算重金属种类	C1	区域内重点防控元素
	C2	区域内非重点防控元素
核算对象	D1	企业名称
	D2	所属行业
	D3	企业涉重金属污染物排放生产线或工段规模
	D4	企业涉重金属污染物排放生产线或工段生产工艺
	D5	企业涉重金属污染物排放生产线或工段原材料
	D6	企业涉重金属污染物排放产品及产量
	D7	主要排放重金属元素
	D8	废水处理工艺
	D9	废气处理工艺
	D10	污染防治措施实施情况
	D11	基准年废水中主要污染元素产生量和排放量
	D12	基准年废气中主要污染元素产生量和排放量

基础调查可以以走访、检查等方式开展，也可结合已有的环境管理资料（如环评、验收、环境统计）等开展，必要情况下应对资料信息进一步核实确认。通过基础调查，摸清区域涉重污染源的基本信息，为后续的排放量核算打好基础。

2.4.2 重要因素识别

工业企业在生产过程中重金属污染物从产生、削减到排放，除受污染治理设施和工艺影响外，从生产的全过程分析，工业企业在相对规范的条件下污染物排放受到生产原材料、生产工艺设备、生产规模和生产产品 4 个因素的共同影响，同一行业使用的原材料不同、生产工艺不同、生产的产品不同，其重金属污染物产生的种类和数量也不相同，甚至会存在很大差异，同一行业，由于原材料和生产工艺过程的差异，其重金属污染物产生量会出现成百倍甚至上千倍的变化。这也是影响重金属污染物产排污系数的几个主要因素（图 2-2）。因此，企业排放量核算要结合行业类别、企业规模、生产工艺等对核算影响因素进行分析识别。削减量分为过程削减（工业企业在生产过程中的削减）和集中削减（工业园区集中污水处理厂或其他公共处理设施的削减）分别考虑，也要根据不同项目类型确定不同的核算方法。

图 2-2 重金属污染物排放量核算关键影响因素

这 4 个重金属污染物产生过程的关键影响因素，也就是确定企业产排污系数的 4 个主要参数。综合考虑 4 个因素的影响，也就是不同工业源的产排污系数，叠加削减过程治理工艺和污染物去除率后形成排污系数。对于同一行业，由于产品、工艺、规模、原材料的差异，不同的“四同”组合有很多种，兼顾末端治理工艺的产排污系数也会有很多个。

以铅冶炼行业污染物排放情况为例进行分析，铅污染的重要来源之一是铅的冶炼过程中，某些环节产生的铅尘排放至大气中造成的污染，以及含铅废水的排放。铅冶炼工艺有多种，以传统的“烧结机—鼓风炉工艺”和较为先进的“富氧熔池熔炼工艺”为例，根据经验和实测数据，采用烧结机—鼓风炉工艺，同样使用铅精矿生产电解铅，生产规模在 5 万 t 以下的装置比生产规模 5 万 t 以上的废水中铅污染物产生量增加 10%左右，烟尘和废气中铅尘污染物产生量分别多 12%和 8%左右。同样用铅锌矿生产电解铅，采用富氧熔池熔炼工艺情况下生产规模对污染物产生影响不大，与采用烧结机—鼓风炉工艺相比，废水中铅污染物产生量与 5 万 t 规模以下的烧结机—鼓风炉工艺相差不大，但烟尘产生量降低了 7%。

过程削减即企业在生产过程中削减，主要涉及污染物产生量、处理量和处理设施去除率几个方面。集中削减主要是工业园区集中处理设施的削减，同样主要考虑处理量和设施去除率因素。废水中重金属污染物去除主要采用物理化学方法，包括混凝沉淀和絮凝法、离子还原法和交换法、活性炭吸附工艺、电动力学修复技术等。对大气造成重金属污染的物质大部分含在排放的烟尘中，通常重金属污染的去除与除尘的效果呈正相关，可采用常规的除尘方式治理重金属污染，如湿式除尘、干式除尘，也可以采用两种及两种以上除尘方式联合治理，需根据烟尘的性质综合考虑。除采用除尘方式治理外，还可以根据气态重金属污染物不同的物化性质，采用冷凝、吸收、吸附、燃烧、催化转化等方法进行净化处理，不同处理方法和设备可以单独使用，也可以组合使用。

2.4.3　核算排放量变化率

首先核算单个企业的排放量。根据基础调查资料，选取对应的核算方法，核算企业新增量和削减量。对应产排污系数法的企业和项目，要分析判断“四同”因素等主要参数的取值确定对应的产排污系数。随后要抽取核算项目进行现场核查，现场核查重点企业排放情况、减排项目建设与运行情况，抽查验证各地污染物新增削减量计算结果的真实性与准确性等，现场检查中发现企业存在不符合要求的，根据现场核查结果对企业污染物排放量进行调整。

在此基础上，将区域内全部上报企业的某类重金属污染物新增量和削减量累加得到区域该类重金属污染物新增量和削减量。区域新增量要采用重点行业产量的宏观测算法进行校核，如校核结果差异较大，应调查核算新增量项目信息及核算方法是否正确，同时查找补充遗漏的新增量项目。

根据区域新增量和削减量核算结果，结合基准年排放基数计算得出区域污染物排放量，对污染物排放量和基准年排放基数进行比较得到排放量变化率。

重金属污染物排放量核算路线如图 2-3 所示。

本章通过对主要重金属污染物排放特点、分布与来源进行分析，总结了重金属污染物排放区别于 COD、SO_2 等主要污染物的特点，并基于重金属污染物排放统计的问题分析和主要污染物减排核算技术方法进行经验总结，提出了重金属污染物排放量核算的基本框架为以工业源为主的新增量和削减量核算，核算口径范围限于废水和废气介质中重金属污染物排放量，并实施单元素核算，不考虑重金属元素价态影响。

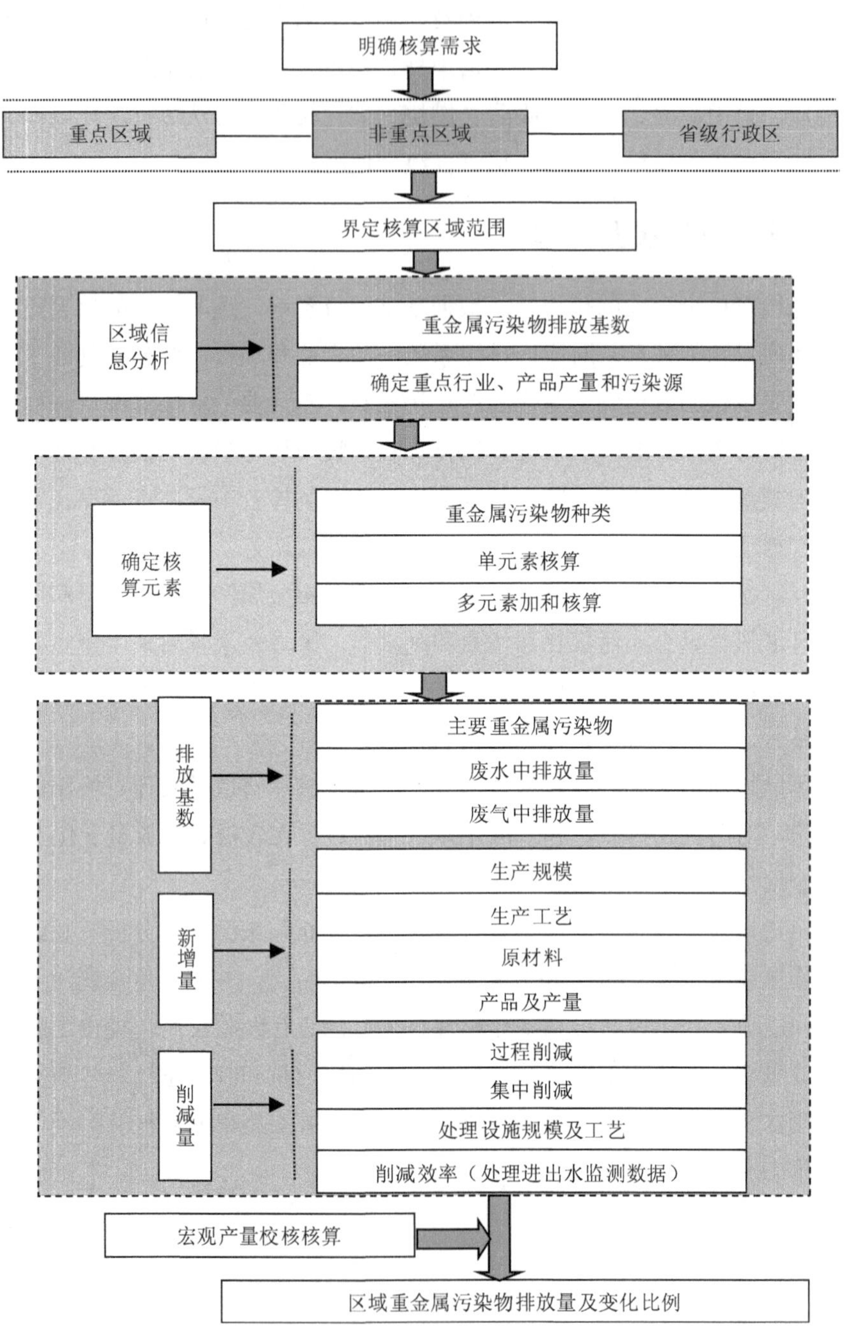

图 2-3 重金属污染物排放量核算路线

通过分析对比重金属环境管理与主要污染物减排的异同点，结合重金属污染物排放相对集中的特点，分析认为重金属污染物排放量可以全部按照项目法进行核算，同时采用宏观数据法进行校核，核算方法以产排污系数法为主。这个核算方法体系适合目前重金属环境管理基础，是具有科学合理性、可操作性强且简单实用的技术方法。按照核算框架对影响重金属污染物排放量核算的主要因素进行识别分析，结合工业污染源重金属污染物排放过程主要节点和参数对排放的影响开展了系统分析，明确了排放量核算的技术路线。重金属污染物排放量核算与重金属环境管理工作是相互促进的关系。通过核算可以进一步完善涉重金属企业信息，逐步建立健全企业管理台账，提升涉重金属企业环境监测、监管能力；随着重金属管理基础的加强和数据的完善，重金属污染物排放量核算的技术方法会更加科学合理，核算的口径范围会越来越广。

第3章　重金属污染物新增量核算技术方法研究

开展重金属污染物新增量核算技术方法研究，是在明确“基数固定、增量落地、减量查清”核算原则的前提下，必须要攻克的核心技术难点。开展新增量核算时，对于重金属污染物排放量没有发生明显新增变化的企业和污染源可以默认为其年度排放量没有变化，不再开展排放量核算，可以大幅减少排放量核算工作量，同时也在一定程度上淡化了重金属污染物排放统计核算基础薄弱的影响。

本书针对具体项目、排放基数、涉重产业实际产量等不同对象设计了不同的新增量核算技术方法，明确了不同情境下新增量核算技术方法的应用条件，提出了重点重金属污染行业新增量现场核查要求与要点，为进一步确保新增量核算的真实合理提供依据，有利于研究成果转化应用。

3.1　新增量核算技术方法选择

3.1.1　新增量核算的基本原则

重点重金属污染物新增量是指核算年度与上年同期相比，由于工业生产活动增加导致的重金属污染物排放增加量。主要污染物总量减排核算中，主要污染物新增量以宏观核算为主，与 GDP 和能耗指标挂钩，根据 GDP、工业增加值和能耗指标的变化量宏观测算新增量。重金属污染物与量大面广的常规污染物不同，重点重金属污染源行业集中、类型单一、数量明确，且主要排放源于工业生产，从重金属污染物排放来源和排放过程分析可发现，重金属污染物排放与其生产过程密切相关，与工业产品联系密切。同样由于重金属企业相对较少，采用项目法计算新增量从工作量上考虑是能够实现的，同时也更有利于将新增量落实到具体项目和企业上，不会出现主要污染物新增量只能落实到区域，无法有效落实到具体企业的问题。

因此，重金属污染物新增量核算的基本原则是重金属污染物排放新增量核算主要与涉重企业产品产量挂钩，不与工业增加值、GDP 等宏观经济量挂钩，以项目累加法为基础，并根据区域或省（区、市）重点行业主要产品产量宏观校核新增量核算结果。因此要求区域内涉重金属企业提供的产能变化、产品产量变化要与本地涉重金属产业发展情况（即区域涉重金属产业发展统计结果）相适应，如果二者数据不吻合或出现偏差，将直接导致出现项目法累计得到的新增量和区域宏观核算结果不一致的情况。

按照项目法核算新增量时，考虑到具体导致企业或区域重金属污染物排放量增加的情况，涉及新增排放量项目主要包括三类：

第一类是由于新（改、扩）建项目的实施带来的污染物新增量，这是新增量测算的重点。

第二类是由于企业生产负荷的变化造成的污染物排放量变化，这种情况会出现排放量增加或减少两种结果，这两种结果都需要计算新增量，只不过排放量较少计算结果表现形式为负的新增量。

第三类是由于原材料发生变化，但是生产设施和生产工艺未发生根本变动的企业，这是由于重金属本身的迁移特性，重金属污染物排放与生产原材料中重金属的含量存在直接关系。

3.1.2　新增量核算的技术方法

环境统计常用的排放量核算技术方法主要包括产排污系数法、监测数据法、排放强度法和物料衡算法。在主要污染物总量减排核算方法体系中，不同行业和不同工程项目类型分别采取了不同的核算方法，如主要污染物新增量核算采用产排污系数法和排放强度法，其中城镇生活 COD 预测采用产排污系数法，工业 COD、工艺产品 SO_2 预测采用排放强度法，煤炭消费量法测算燃烧产生的 SO_2 也属于产排污系数法。结合上述领域的应用，重金属新增量核算可以采用的主要技术方法和适用范围、应用条件如下。

3.1.2.1 基于项目的产排污系数法

产排污系数法是测定污染源污染物产生量和排放量的基本技术方法之一。

（1）基本概念

工业污染源产排污系数是在综合考虑影响行业污染物产生量和排放量的各种主要因素，包括产品、工艺、规模、原材料，以及末端治理技术设备等情况下，生产单位产品（或使用单位原料）所产生或排放到环境中的污染物量。典型工况生产条件下，生产单位产品（使用单位原料）所产生的污染物量就是产污系数。排污系数则是指在典型工况生产条件下，生产单位产品（使用单位原料）所产生的污染物量经末端治理设施削减后的残余量，或生产单位产品（使用单位原料）直接排放到环境中的污染物量。当污染物直排时，排污系数与产污系数相同。

（2）计算公式

特定“四同”组合条件下，采用产排污系数计算污染物产生（排放）量公式如下：

$$W=G\times P\times 10^{-3}$$

式中：W——污染物产生量，t；

G——产（排）污系数，kg/t；

P——产品（或原料）总量，t，根据不同行业生产特征或习惯表达方式。一般按产品，也可按原料；计量单位根据行业特点和习惯用法，可以是长度、质量、体积、面积、台（套）等，但不能是产值。

（3）应用范围

应用范围为项目或企业层面，可以对照“四同”组合条件选取产排污系数用于核算重金属污染物新增量和削减量。

3.1.2.2 基于项目的监测数据法

（1）基本概念

按照企业废气（废水）排放量、重金属污染物排放浓度的监测数据核查核算项目排放量。某企业（或生产线）某类重金属污染物新增量选取该类重金属污染物日均新增废水（废气）排放量、该类重金属污染物排放浓度，以及考核期内排放天数进行核算。

（2）计算公式

$$W=W_Q \times C$$

式中：W——污染物产生量，万 t；

W_Q——上年同期污水处理量，万 t；

C——监测数据处理设施出水浓度，mg/L。

（3）应用范围

应用范围为项目或企业层面，用于核算重金属污染物新增量和削减量。

监测数据包括环评验收文件、监督性监测数据、在线监测数据等。存在多个排放口的，分别测算排放量。监测数据按照以下优先顺序依次采用并相互校核：当地生态环境部门监控平台联网、通过数据有效性审核、运行管理规范、数值合理的自动在线监测数据；本级生态环境部门对废水、废气治理设施的监督性监测数据，取每两个月监测数据均值（各地对监测频次有更密要求的，取所有监测数据均值）；“三同时”验收监测数据；企业自测数据也可以作为参考。

3.1.2.3　基于排放基数的产品排放强度法

（1）基本概念

根据往年单位产品的重金属污染物排放强度，结合当前的产品产量核算排放量。排放强度法可认为是产排污系数法的一种简化计算方法。

（2）应用范围

在企业生产和治理设施条件不发生变化的情况下，如生产工艺、生产规模、原料、产品等“四同”参数相同，可根据排放强度核算排放量。如在污染源普查基数库中的企业，产排污系数不变的，可根据产品变化量和该企业在污染源普查中排放强度测算新增量。

3.1.2.4　基于项目的物料衡算方法

（1）基本概念

基于项目的物料衡算方法是指在产品方案、工艺路线、生产规模、原材料和能源消耗及治理措施确定的情况下，运用质量守恒定律核算污染物排放量，即在生产过程中投入系统的物料总量必须等于产品数量和物料流失量之和。

（2）计算公式

$$\sum G_{排放}=\sum G_{投入}-\sum G_{回收}-\sum G_{处理}-\sum C_{转化}-\sum G_{产品}$$

式中：$\sum G_{排放}$ ——某污染物排放总量，t；

$\sum G_{投入}$ ——投入物料中某污染物总量，t；

$\sum G_{回收}$ ——进入回收产品中的某污染物总量，t；

$\sum G_{处理}$ ——经净化处理掉的某污染物总量，t；

$\sum G_{转化}$ ——生产过程中被分解、转化的某污染物总量，t；

$\sum G_{产品}$ ——进入产品结构中的某污染物总量，t。

（3）应用范围

物料衡算法是一种理论计算污染源、污染物的方法，多在设计中使用，从理论上基于物质守恒定律通过污染物产生、排放的全过程分析能够得出准确的排放情况，但在实际应用中，由于生产过程中原料和产品的流失、损耗等不确定因素影响，其数值往往与实际运行后的排放量有一定差距，只有在极其特殊情况下，如某些从国外引进、国内无资料和工程现场可进行对比的项目采用此方法。

3.1.2.5 基于涉重产业实际产量的区域宏观测算法

（1）基本概念

根据考核期重点行业主要产品产量变化和区域重金属污染物排放强度，宏观测算区域内某行业重金属污染物新增量。区域宏观测算法并不是一种具体的排放量计算方法，本质上它还是排放强度法，只是把整个区域作为一个项目来处理，这样可以从整体上把握和校核整个区域的排放量情况。当核算区域没有往年排放强度时，可以采用区域内行业涉及的产排污系数加权计算，类似以一个项目采用产排污系数法。

（2）计算排放量公式

$$W=(X_n-X_m)\times Y\times 10^{-3}$$

式中：W ——污染物产生量，t；

X_n ——某行业当年产品产量，万 t；

X_m ——某行业上年产品产量，万 t；

Y ——单位产品污染物产生强度，kg/万 t。

（3）应用范围

首先要从涉重金属污染物排放行业入手，将目前国家宏观统计的涉重产品种类都纳入核算，根据考核期重点行业主要产品产量变化和产品排放强度，宏观测算区域重金属污染物新增量，作为产排污系数法和监测数据法的校核依据。区域宏观测算主要是作为一定区域范围内重点行业重金属污染物新增量的校核，不单独作为区域排放量的核算方法。

在重金属污染物新增量核算方法选取上，在确保科学合理的基础上主要遵循以下几个原则：一是简洁实用，二是稳定可靠，三是基础良好。同时还要考虑以往的应用情况，确保核算结果可对比。基于以上考虑综合分析后，重金属污染物新增量核算优先采用产排污系数法，同时辅以宏观校核。考虑到当前部分行业仍然缺少重金属产排污系数，在这种情况下可以采用监测数据法，但在有产排污系数或可类比得到产排污系数的条件下，原则上仍需优先采用产排污系数方法。

将产排污系数法作为优先选用的核算方法是由当前基础和产排污系数法的特点决定的。产排污系数是摸清我国含重金属污染物的废气、废水排放家底的一项重要工具，虽然决定企业污染物产生量的因素十分复杂多样，但对任意两个企业，只要它们的产品相同、原材料相同、生产工艺相同、生产规模相同，这两个企业产生的污染物水平就大致相同。在第一次全国污染源普查工作中，我国有 150 多万个工业污染源，95%以上使用产排污系数法对其产排污状况进行了核算。目前省级以上重点污染源只有 3 万多个，在工业企业监测能力不足，非重点污染源缺少监测数据，或者监测数据不完备的情况下，产排污系数法是环境监管部门进行污染排查最简捷的工具。采用产排污系数法核算新增量是由我国目前的现实条件决定的，也是在我国重金属环境管理中最具可操作性和相对科学的方法。

在用产排污系数法对项目或企业新增量进行核算的基础上，要采用区域宏观核算法对区域内重金属污染物新增量进行校核。由于区域重金属污染物新增量采用项目法核算，这就要求从区域涉重金属企业中筛选出现新增量的企业或项目，由于涉重金属企业台账不健全、基层重金属环境管理能力薄弱等原因，很可能会出现新增量项目的漏报情况。另外也可能出现一些主观的瞒报、少报情况。为了防止项目瞒报、漏报情况的发生，区域宏观核算就是有效的校核手段，因此在新增量测算过程中，要对区域上报新增量项目主要产品产量变化进行宏观校核。宏观校核主要是采用涉重金属行业产品产量统计数据，统计数据是依法由企业上报，并按照程序经地方政府汇总并认可后逐级上报国家的，具有法律效力，采用宏观统计数据校核也能保证重金属污染物排放量变化与区域涉重金属产业发展情况在整体上保持一致。从实际操作上看，在新增量核算中以产量宏观统计数据作为重金属污染物排放量核算的重要参考具有可操作性和合理性，能够有效减少和避免排放量漏报。

专栏 3-1 区域宏观校核是重金属新增量核算的重要参考和佐证数据

按照排放量核算方法，重金属污染物排放量核算使用统计产品产量数据对地方上报产量数据进行校核，地方上报的产品产量与国家统计产量数据存在差异时，要进一步查补项目，确保排放量落实到具体区域和具体企业，力求新增量和项目落地。查补项目后产品产量仍少于国家数据的，则将漏报的产能按照 2007 年该行业或产品排污强度宏观测算污染物新增量。

在近几年的排放量核算中，各地上报数据经常出现低于国家统计数据的情况，对全国重金属污染物排放量核算的准确性和真实性造成了很大影响，如 2011 年考核中，全国各省（区、市）考核上报的铅、锌产品增量分别为 75 万 t、72 万 t，与国家统计铅、锌产品增量的 192 万 t、147 万 t 存在较大差异。经过查找补充项目后，补报的铅、锌产品增量分别为 54.9 万 t、35.2 万 t。通过宏观校核，补充了大量少报、漏报项目，使绝大部分产品产量落实到了企业和项目，有效地减少和避免了少报、漏报排放量问题的发生，客观反映了重金属污染物排放量变化情况。

综上，在重金属新增量核算中，单个的企业新增量核算优先采用产排污系数法。根据项目核算结果累加计算全省或区域的重金属污染物新增量，对项目累加法得到的全省或区域新增量要进行全省和重点行业新增量综合平衡，当区域内上报产品产量与国家统计数据掌握的产品产量不符时，采取“取大数”原则，少报的部分进行宏观落地。不同条件下的新增量核算方法适用条件如表 3-1 所示。

表 3-1　新增量核算方法使用条件

适用企业类型	企业情况	核算方法	说明
新建企业（或生产线）	—	产排污系数法	第二个月作为核算起始时间
改（扩）建企业（或生产线）	工艺、产品、污染治理设施发生变化	产排污系数法	考核年度排放量减去上年同期排放量
	工艺、产品、污染治理设施发生变化	产品排放强度测算	污染源普查或环境统计中
产能利用率变化企业（或生产线）	在污染源普查基数库中	产品排放强度测算	—
	不在污染源普查基数库中	产排污系数法	—
原材料发生改变	—	产排污系数法	须有原材料变化稳定、可靠保障及证明材料
废水循环回用的新（改、扩）建企业（或生产线）	所谓“零排放”	产排污系数法	结合废水回用率核算
污染物排放量大、资料审查中数据材料存疑的企业	—	监测数据法	校核
无对应产排污系数的企业（或生产线）	—	监测数据法	—
项目累加的产品产量与国家数据进行校核	—	宏观校核法	—

需要说明的是，由于国家统计数据是全省的产品产量，宏观落地有两种方式，一是直接根据产品增量用产排污系数法或排放强度法测算出排放量增量，根据产量区域分布特点落在区域上，这种算法的弊端是排放量的虚落地，并没有实质项目支撑，无法形成项目削减潜力；二是找出漏报、少报的企业，根据企业生产运行情况、产品产量变化将新增排放量落在企业上，这是核算中提倡和首要考虑的方式，可以将重金属污染物排放量统计数据逐步趋向完善完整，同时也有利于企业后续安排削减项目和生态环境部门对企业的环境管理。

3.2 新增量核算技术方法应用条件

3.2.1 基于具体企业的产排污系数法

产排污系数法是测定污染源污染物产生量和排放量的基本技术方法之一。基于具体企业的产排污系数法，是从企业层面分析企业规模、生产原材料、产品种类、产量变化、非末端治理等因素，确定与企业实际情景相吻合的重金属产排污系数，分重点行业、分重金属元素、分环境核算介质存在变化因素的各涉重企业重点重金属污染物新增排放量，各企业累加法测算结果即为所核算区域的新增排放量。产排污系数法核算新增量主要分为 6 种企业类型。

（1）新建企业（或生产线）以试生产时间为新增量核算起始时间。考核年试生产时间在 3 个月内（含等于三个月）的，在下一年核算新增量；考核年试生产时间超过 3 个月的，按照当年实际运行天数核算新增量，下一年根据产品产量变化核算新增量。

（2）新建企业（或生产线）新增量按照企业（或生产线）所属行业、生产工艺、规模、产品、污染处理设施工艺选取对应的重金属产排污系数和产品产量测算企业重点重金属污染物排放量，以排放量作为企业新增量。

（3）改（扩）建企业（或生产线）新增量按照改（扩）建前后企业（或生产线）改（扩）建部分所属行业、生产工艺、规模、产品、污染处理设施工艺选取对应的重金属产排污系数和产品产量测算重点重金属污染物排放量，考核年度排放量减去上年同期排放量得到新增量。生产工艺等未发生变化的扩建企业（或生产线），新增量可根据扩建后产品变化量和该企业在污染物普查或环境统计中产品排放强度测算新增量。

（4）产能利用率变化企业（或生产线），新增量可根据产品变化量和该企业在污染源普查或环境统计中排放强度测算新增量（即采用排放强度法）。不在污染源普查或环境统计中的企业，新增量按照企业（或生产线）所属行业、生产工艺、规模、产品、污染处理设施工艺选取对应的重金属产排污系数和考核年产品产量测算新增量。非永久性停产企业（或生产线）按照产能利用率变化核算新增量。

（5）由于原材料发生改变导致重金属污染物排放量变化较大企业（或生产线）可纳入新增量核算范围。按照原材料变化前后对应的重金属产排污系数和产品产量测算重点重金属污染物排放量，考核年度排放量减去上年同期排放量得到新增量。原材料发生改变的企业应提供原材料变化前后原材料进货、检验证明和物料主成分分析材料。

（6）对于存在废水循环回用的新（改、扩）建企业（或生产线），按照对应的产排污系数测算企业重点重金属污染物排放量，结合废水回用率核定情况核算新增量。

3.2.2　基于具体企业的监测数据法

对于监测数据法来说，由于企业重金属污染物排放监测尚处于初始阶段，监测因子不全、监测频次不够的问题非常普遍，大部分企业废气重金属污染物排放监测尚未开展，已有的监测数据缺乏校核，数据准确性尚有待提高，因此在重金属污染物新增量核算中监测数据法主要起到补充和校核的作用。

（1）对重点重金属污染物排放量大、资料审查中数据材料存疑的企业（或生产线），采用监测数据法进行校核。以产排污系数法核算结果为基础，若两者之差与产排污系数法测算结果之比在 15%以内（含 15%），按“取大数”的原则确定企业（或生产线）重点重金属污染物新增量；若比值大于 15%，在查清差异所在的基础上可原则上按照产排污系数法确定企业（或生产线）重点重金属污染物新增量。

（2）对现阶段无对应产排污系数的企业（或生产线），采用监测数据法核算新增量。个别新型生产工艺与 2007 年第一次全国污染源普查情景相差较大的，可以进行地方测算工作并作为国家核查核算时参考。新增量考核起止时间与采用产排污系数法核算新增量规定相同。

（3）未发生工艺和原料变化的改扩建的企业（或生产线）、产能利用率发生变化的企业（或生产线），重点重金属污染物排放浓度监测数据与上年发生明显变化的，原则上以上年上报排放浓度为核查核算依据。对于非重点区域、非重点行业，原则上不对非工程不稳定因素、无法核定的新增量减少部分予以考核。

3.2.3 基于宏观产品产能（产量）的新增量测算方法

由于产排污系数法和监测数据法都是基于具体单个项目进行核算，对于区域内新增量由于主观和客观原因，不可避免地会有一些项目的疏漏，特别是没有开展全口径核算时，需要对新增量核算结果进行校核。基于涉重产业实际产量的宏观测算法可以弥补产排污系数法和监测数据法的不足。宏观测算法首先要从涉重金属污染物排放行业入手，将目前国家宏观统计的涉重产品种类都纳入核算，根据考核期重点行业主要产品产量变化和产品排放强度，宏观测算区域重金属污染物新增量，作为产排污系数法和监测数据法的校核依据。

宏观核算新增量的基本方法是，收集统计部门的重金属污染物排放行业产品产量数据，比较产品产量的年际变化量；根据重点行业主要产品产量变化与项目累加法（包括产排污系数法和监测数据法）累加得到的产品产量数据对比，明确基于项目层次的（产能）产品上报覆盖度，确保产量无较大差异；二者差异较大的应在校核重点行业新建企业、原有企业的产能变化基础上，分析产生差异的原因，查补增量项目并作为现场核查重点，力求新增量和项目落地。查补项目后产品产量变化仍少于统计数据的，则漏报的产量按照上一年度或2007年第一次全国污染源普查中该产品的平均排放强度，宏观测算产品产量变化产生的重金属污染物变化量，以此变化量作为该区域的宏观测算新增量值。

3.3 重点行业新增量现场核查

重金属污染物排放量核算主要采用资料审核的方式进行，无法对企业实际情况进行现场了解，特别是当发现资料存在问题或对资料提供的数据存在疑问时，对企业进行现场检查能够确保新增量核算的真实合理。

3.3.1 现场核查原则与要求

为了加强本书成果的转化应用，结合《规划》实施考核工作，研究提出了针对不同行业的现场核查要点。《规划》实施考核现场核查不等同于企业环保核查或行业核查，考核现场核查时间较短，一般企业都为30～40 min，很少能超过1 h，因此现场核查点必须简明扼要，不能过于烦琐细碎，现场核查应选择对企业污染物产生和排放重要性与影响程度较高、行业中问题突出的环节，能够一票否决的环节必须纳入核查要点，核查的要点内容需要核查人员运行复杂程序或计算才能确定的，原则上不纳入核查要点。新增量现场核查遵循以下原则。

一是对重点重金属污染物排放量大、资料审核中发现材料或数据存疑企业要考虑进行现场核查。在对项目削减量进行现场核查时，可视情况核查企业当年重金属新增排放量情况。

二是现场核查时，要求企业提供企业产能及近 3 年主要产品产量情况、用水用电情况、企业物料主成分分析等材料，作为校核企业排放量变化的佐证材料。在现场核查过程中，检查企业产排污关键环节和主要工序是否符合要求，以生产现场检查和重金属污染物处理处置情况检查为主。根据现场核查结果，对企业基于产排污系数测算的污染物排放量进行适当调整。现场核查的主要内容包括：①核实企业环评执行情况。结合资料审核结果重点检查企业是否取得有审批权部门的环评审批、环保设施竣工验收手续；环评审批和环保设施竣工验收的要求是否全部落实。核查发现有环评执行情况违规，可以根据情况调整重金属污染物新增量核算结果。②核实企业生产规模、生产原料、生产工艺和产品产量情况。实际情况与上报存在差异的，按照现场核查实际情况调整重金属污染物新增量核算结果。③核实企业重金属污染治理设施运行情况。主要包括处理设施是否与生产能力配套，污染物是否全部进入处理装置处理无偷排、漏排情况，处理工艺能否满足稳定达标排放要求，检查并审核污染处理设施处理量、处理前后污染物浓度监测有效记录，环保设备运行、加药及维修记录，校核处理量与车间耗电量、药剂用量、产生的渣量是否匹配。无上述数据和文件资料或者弄虚作假的，视为处理设施不运行，不计算重金属污染物处理设施削减量，视为无处理设施，按照产排污系数计算新增量。④检查企业厂区、生产车间管理情况。

3.3.2　重点行业企业现场核查要点

现场核查重点核证企业环评执行情况、重金属污染物排放量和《规划》重点工程项目完成情况，通过现场核查对排放量核算、项目认定和考核评分结果进行调整。现场核查应查看和询问企业生产设施、环保设施、应急设施、重金属污染物在线监测设备情况，记录企业基本情况和发现的问题，并视需要采取复制有关文件、照相、录像等方式保留现场核查情况。

3.3.2.1 火法铜冶炼、铅锌冶炼企业现场检查要点

主要包括：①原材料、产品、生产废渣专有堆放和储存场地是否符合要求；②运送精矿、烟尘、废渣的车辆是否封闭无遗撒，车辆出厂前是否进行冲洗，冲洗废水是否送重金属废水处理站处理；③厂区排水系统雨污是否分离，场地清洗水、初期雨水是否收集处理后排放；④制酸车间、电解车间等有酸水产生的地面是否采取防渗、防漏和防腐措施，是否有废水废液收集、处理系统；⑤原料输送、配料等部位是否有粉尘收集、除尘设施，烟尘装卸、输送过程是否有防漏、防撒装置；⑥冶炼车间熔炼炉进出料（渣）口、熔炼炉（锅）是否有环境集烟罩。

3.3.2.2 电镀企业现场核查要点

主要包括：①生产过程中杜绝跑、冒、滴、漏现象；②生产车间地面和输送废水槽沟是否采取防渗、防漏和防腐措施；③含氰镀种电镀含氰废水单独收集，经独立管道在预处理池破氰后进集水池或槽边破氰后进集水池；④含氰镀种电镀含氰废气收集并净化处理；⑤电镀含六价铬废水单独收集，经独立管道在六价铬预处理池还原为三价铬后进入集水池或槽边还原处理后进集水池；⑥采用盐酸、硝酸、氢氟酸等进行酸洗的槽边有废气净化装置。

3.3.2.3 制革企业现场考核要点

主要包括：①转鼓是否加装集水槽收集含铬废水，确保与综合废水分离；②是否设立单独的搭马静置区域，蓝皮搭马水单独收集与鞣制废水一同处理；③蓝皮挤水是否设立区域单独收集，确保与综合废水分离；④含铬废水收集沟槽或管道无跑、冒、滴、漏等现象。

3.3.2.4 铅蓄电池企业现场考核要点

主要包括：①废水是否实行“雨污分流，清污分流”；②铅粉制造、合金配置、板栅制造、铅零件浇铸、分片打磨、包片、焊接组装等产生铅烟、铅尘的工位是

否在负压封闭车间内，是否设置废气收集装置；③是否采用冷加工剪切铅球造粒；④管式电极灌粉工艺段是否负压封闭；⑤是否采用内化成工艺，加酸壶，设有集气罩负压收集酸雾装置。

3.3.2.5　电石法聚氯乙烯企业现场考核要点

主要包括：①汞触媒装填时，撒落在转化器周围的颗粒是否回收处理；②合成工序除汞器是否装填活性炭，日常是否正常开启，活性炭是否定期更换以及含汞活性炭存放是否符合要求；③雨水、生活水、生产废水及清洁下水是否实行“雨污分流，清污分流”；④合成工序产生的含汞废水是否设置单独收集处理系统。

3.3.2.6　铬盐生产企业现场考核要点

主要包括：①生产装置是否具有收尘、除尘装置；②雨水、生活水、生产废水及清洁下水是否实行“雨污分流，清污分流”；③含铬化学品储罐区域是否有围堰，围堰内是否具有切换、收集措施，地坪是否防渗；④铬渣中转、临时堆场是否有“三防”措施及渗滤液收集、处置等设施。

3.3.2.7　再生铅企业现场考核要点

主要包括：①废铅酸蓄电池破碎拆解设施是否密闭（半封闭）；②污酸和脱硫母液是否有回收利用设施；③各个环节作业场地地面是否有防腐蚀措施；④熔铅锅是否设集气罩、是否有收尘设施；⑤生产车间内是否配套安装负压装置。

重点行业企业生产环节现场考核要点按照废水、废气重金属污染物排放特性分类，现场检查中发现企业存在不符合要求的，记录企业不符合要求的要点数量与实际情况，并将现场检查情况在考核报告中附说明。考核结束后集中审核时根据现场核查结果，对企业污染物排放量进行调整。

第 4 章　重金属污染物削减量核算技术方法研究

重金属污染物削减量核算技术方法研究，是“基数固定、增量落地、减量查清”核算原则中“减量查清”这一关键问题需要攻克的技术难点。生产过程的变化、排放废物的处理处置，以及一些环境修复过程减少重金属污染物向环境的排放等情况会带来重金属污染物的削减。重金属污染物削减量是指核算年度与上年同期相比，通过实施落后产能淘汰、清洁生产、污染源综合治理等工程措施，形成的连续稳定、可核证的重点重金属污染物削减量。建立台账、核算填报、资料校核、现场校核是削减量核算认定的主要程序。

本书围绕削减量的内涵、核算对象、核算技术路线、常用测算方法等设计了削减量核算方法体系，明确了不同类型削减量项目的核算方法，研究了重点行业削减量验证方法与参考值，提出了削减量资料核查与现场核查要点，对系统理解和开展削减量核算提供一定参考。

4.1　削减量核算方法体系设计

4.1.1　削减量的内涵

涉重金属行业在生产过程中会带来重金属污染物有意、无意地排放。而生产过程的变化、排放废物的处理处置，以及一些环境修复过程则会减少重金属污染物向环境的排放，这部分减少量即为重金属污染物削减量。

削减量一般针对一家企业或者一个地区的重金属污染物情况进行核算，该企业或者地区核算期内所有活动带来的重金属污染物削减量的加和，即为这家企业或地区在核算期内的重金属污染物削减量，据此可列出该企业或地区在核算期内的削减量计算公式如下：

$$Q = \sum_{i=1}^{n} Q_i$$

式中：Q——核算期重金属污染物削减量，kg；

Q_i——核算期第 i 类项目产生的重金属污染物削减量，kg。

通过核算期间某企业或地区较基准年相比减少的重金属污染物的排放量为该企业或地区在核算期内重金属污染物的净削减量，也就是与基准年相比的排放量变化量，即

$$Q_t = Q_0 - Q_1$$

式中：Q_t——核算期重金属污染物净削减量，kg；

Q_0——基准重金属污染物排放量，kg；

Q_1——核算期重金属污染物排放量，kg。

净削减量的概念与前文提及的削减量不同，是通过排放量之差计算得出的值，包含了新增量变化的因素，是新增和削减产生的综合结果，而削减量只考虑与削减活动相关的影响，本章着重开展削减量的研究。排放量的计算以新增量、削减量为基础，而净削减量的计算是建立在排放量基础上的。

4.1.2　削减量核查核算对象

理论上，削减量中的 Q_i 包含了某企业或地区所有影响重金属污染物削减量的活动，但实际核算时，有的削减途径产生的削减量具有波动性和临时性，不能真正达到保护环境、减少污染物排放的目的，因此需要对削减量的产生途径进行识别和认定，从而确定削减量核查核算的对象。

4.1.2.1　削减量产生途径的识别

重金属污染物的削减量可能源于生产条件的变化。

（1）产品产量的减少

污染源企业由于市场条件或者其他因素减少了产品的生产，有可能导致重金属污染物排放量的降低。例如，近年来有色行业市场走势疲弱，部分企业大幅减产，因此产生了重金属污染物排放量的削减。这类削减量受经营状况、市场行情影响较

大，一旦市场回暖，企业增加产量，重金属污染物排放量将出现反弹。

（2）生产原材料的变化

某些污染源企业重金属污染物源于原料、辅料或者催化剂等生产材料，因此生产原材料中重金属含量的减少也有可能导致重金属污染物排放量的降低。例如，铅锌冶炼企业，由于矿石来源不同，一段时间内使用的矿石中伴生重金属污染物含量较低，则其冶炼过程中的重金属污染物排放量也可能相应减少，从而产生重金属污染物排放量的削减。这类削减量由原料情况决定，不同批次的原料对此有不同的影响，属于临时性的排放量变化情况。

（3）清洁生产改造

不同生产工艺的重金属污染物排放量不同，污染源企业对涉重生产工艺进行革新，在产量不增加的情况下，新的生产工艺能够直接减少生产环节的重金属污染物产生量。例如，某聚氯乙烯企业，原来生产使用的氯化汞含量为 12%的高汞触媒，按照国家政策要求完成低汞触媒的改造之后，使用 6%的低汞触媒，从而使末端重金属污染物处置压力和排放量都相应减小，这部分减少量为清洁生产改造产生的重金属污染物削减量。

（4）污染源企业关停

污染源企业涉重生产设施全部关停或者部分关停，可从源头上减少重金属污染物的产生。例如，某企业因生产工艺落后，已不能满足市场需求，选择永久性地淘汰关闭，那么此企业在未来将不再排放重金属污染物，这部分削减量为持续、永久性的。

（5）污染源治理设施改造

采用更为先进的治理技术、修缮强化治污设施等方式对原有治污设施进行改造，或者通过优化运行条件，提高治污设施去除效率。例如，某皮革企业原污染治理工艺为气浮+A/O 生化，在《规划》实施中，为提高重金属污染物削减量，对原有气浮设施进行了改造，并增加膜深度处理工序，重金属污染物去除率由 90%提高至 99%以上。

（6）排污口新建、扩建治理设施

在现有排污口增建深度处理设施，在原有排放重金属污染物的基础上进一步削减重金属污染物。例如，某电镀厂为提高治污效率，实施电镀废水的深度治理工程，提高废水中铬的去除率，减少了铬的排放。

（7）改善无组织排放状态

包括大气无组织排放的控制，以及对厂区废水跑、冒、滴、漏的整治等。例如，某铅锌矿采选企业严格管理要求，按期对设备进行检修排查，对相关运输车辆进行封闭式运输管理，每日对厂区分时洒水，减少采矿破碎造成的扬尘扩散，这些管理措施都相应地减少了重金属污染物向环境中的扩散和排放。需要说明的是，基数中的重金属污染物排放量不包含此类削减量。

（8）规范渣场、尾矿库等固体废物堆存场地，避免雨淋水、渗滤液等浸出水污染环境

例如，某尾矿库通过收集渗滤液，排洪沟收集雨水，并对这些污水进行处理，减少了重金属污染物向环境中的排放，形成重金属污染物的削减，这部分重金属污染物排放量也不在基数中。

（9）对土壤、水体等进行修复，恢复水体、土地使用功能，避免扩大污染、危害人体健康

例如，某重金属污染场地，经过植物修复，对土壤中的重金属进行吸收去除，重金属被植物吸收，再对植物进行安全处理，使得该场地内重金属含量减少，形成环境中重金属污染物的削减。场地中的重金属污染物也不在基数当中。

4.1.2.2 削减量产生核查核算的认定

根据“基数固定”原则，在核查核算过程中，主要考虑基数内排放量的削减，对于不在基数内的削减途径，例如，无组织排放的重金属污染物，应参照基数外核查核算方法进行核算。另外，核算认定的削减量必须是连续稳定的、可核证的；核算对象切实针对重金属污染问题开展了污染防治活动。

据此，无论是对企业还是对地区重金属污染物削减量的核算，都应当是针对以上认定项目产生的削减量进行核算。一家企业重金属污染物削减量即为本企业开展的重金属削减项目效果的累加值，而一个地区重金属污染物削减量应为本地区所有重金属削减项目效果的累加值。根据上述原则和上文对削减途径的识别，我们对削减量的产生途径进行分析认定：

（1）产品产量的减少、生产原料的变化

这两个途径产生的削减量具有波动性，是不连续稳定的。产品产量可能在一段时间内有所减少，但在未来也有可能增加，重金属污染物排放量随产品产量的变化发生波动；生产原料的变化同理具有不稳定性，因此这两个途径产生的削减量不可作为核查核算的途径。

（2）污染源企业关停

这一途径需要具体分析以下几种情况：

①污染源企业全厂永久性关闭。此时重金属污染物的削减具有不可逆、稳定持续的特点，有利于环境质量的改善和人体健康的防护，属于削减量的核查核算范围。

②污染源企业部分生产线永久性关闭。此时停产部分引起的削减量满足核查核算的要求，削减量即为关闭部分生产线带来的重金属污染物削减量。

③污染源企业临时停产。无论企业是全厂停产还是部分生产线停产，此时重金属污染物的削减量都可能随企业的复产而增长，因此不应纳入削减量的核查核算范围，其削减的排放量可纳入新增量部分作为负增长进行计算。

（3）清洁生产技术改造

需要区分企业是否对涉重金属生产工艺部分进行了改造，新的生产工艺重金属污染物产生量明显少于原工艺，且连续稳定生产方可纳入核查核算范围。

（4）污染源治理设施改造

仅认定核算采用更为先进的治理技术、修缮强化治污设施等方式对原有治污设施进行改造，提高治污设施去除效率。通过优化运行条件提高治污设施去除效率的，不纳入核算范围。

（5）新建、扩建治污设施

在原有基础上新建、扩建治污设施，且稳定运行产生的重金属污染物削减量应当纳入核查核算范围。

（6）改善无组织排放

由于无组织排放污染物不在基数范围内，建议设定基数外削减量项目认定的量值上限，可按照具体区域“基数外项目削减量合计不高于基数内全部工程项目核算年度本介质中该类重金属污染物削减量的10%”的要求，控制基数外项目削减量值。

（7）渣场、尾矿等固体废物堆放场地的排放废水处置和重金属污染场地修复项目由于此类项目削减的重金属污染物不在基数范围内，因此也应该按照基数外项目的核算方法计算项目产生的削减量。

综上，对废水、废气中重金属污染物削减量的核算对象主要包括以下几类项目：一是污染源淘汰退出项目；二是污染源清洁生产技术改造项目；三是污染源综合整治项目（包括污染源治理设施的改建、新建、扩建）；四是基数外重金属污染物削减项目。

4.1.3　核查核算技术路线

根据以上研究，进一步明确核查核算中重金属污染物削减量概念：核算年度与上年同期相比，通过实施落后产能淘汰、清洁生产、污染源综合治理等工程措施，形成连续稳定的、可核证的重点重金属污染物削减量。据此，开展项目层面重金属污染物削减量核查核算技术路线图设计，见图 4-1。

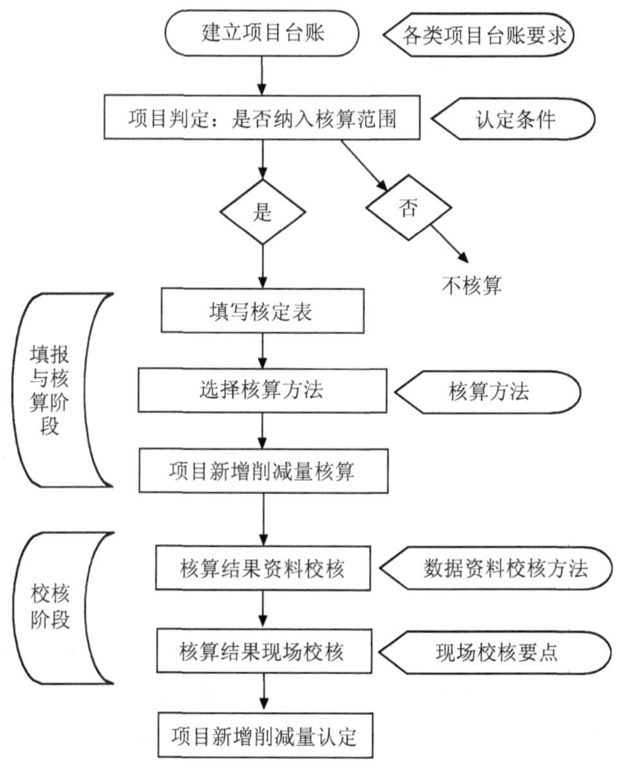

图 4-1　核查核算技术路线

首先区分项目类型建立项目台账，判定项目是否可以认定。对满足认定条件的项目填写核算表，明确采用哪种核算方法后开展核算工作。核算后的数据通过资料校核和现场校核后进一步修订，最终确定核算结果。为支撑上述工作，需研究制定一系列标准化文件，主要是各类项目台账要求、各类项目认定条件及核算方法要求、资料校核指南。

4.1.4 常用削减量测算方法

排放量核查核算常用的方法有产排污系数法、排放强度法、监测数据法、物料衡算法等。在核算削减量方面，各种方法的适用条件有所不同。方法的选择取决于具体项目类型、介质等因素。相关核算方法可参阅“新增量核算技术方法”中对有关方法的介绍。本节仅针对不同方法的适用性进行探讨。

4.1.4.1 产排污系数法

产排污系数法是考核基数计算普遍采用的方法，简单经济，应用范围广，在相同生产条件下计算出的数据反映的是行业平均值，相对数据更为可靠。在掌握企业淘汰前生产工艺、产品原料、产品产量的前提下，且能够对应产排污系数“四同”的，可用产排污系数法，否则不适用。

4.1.4.2 排放强度法

排放强度法需要根据同地区相似度较高的企业进行比较，在无类似企业时难以得到准确的数据。若掌握企业排放强度，或者在同地区有与待核算企业生产工艺、产品原料、管理水平相当的其他相似企业，且相似企业排放强度已知的情况下，可采用相似企业排放强度，否则不适用。

4.1.4.3 监测数据法

监测数据法的数据准确性易受监测频次和监测时工况影响，数据可重复性差、不稳定，而且实际操作中有的环节难以测定污染物排放量，且成本较高。已知企业有效监测数据，可以核算年度排放量的，可采用监测数据法。该方法对监测数据质量要求较高，必须连续几次测定，数据稳定、确实有效的情况下采用。

4.1.4.4　物料衡算法

物料衡算法只适合应用于简单的工艺过程，对于复杂的过程往往不能完整准确地分析重金属流向，数据为理论值，误差较大，应用范围有限。物料衡算法需要的数据量较大，需掌握原料、产品、污染物等物质中重金属含量，并且平衡，不适用于物质流线较复杂的涉重产业排放量核算。

综上，根据对 4 种方法的分析，建议在削减量的测算过程中根据不同项目的特点，选取合理的测算计算削减量，在支撑材料数据较翔实的情况下，4 种方法可相互校核。

4.2　削减量项目核算技术研究

根据排放量核算技术路线“区域的重金属污染物排放量变化要落实到具体企业和项目的核算，通过单个的企业和项目的重金属污染物排放量变化累加得到区域的重金属污染物排放量变化情况”以及前文对削减量产生途径认定方法的研究，一个地区重金属污染物削减量，应为认定途径所产生的重金属物污染物削减量，即前文所述淘汰退出、清洁生产技术改造、污染源综合整治等各类削减项目产生的削减量总和，即

$$Q = Q_{淘} + Q_{清} + Q_{整} + Q_{其他}$$

式中：Q——某区域重金属污染物削减量，kg;

$Q_{淘}$——核算区域在核算年度内淘汰涉重企业产生的重金属污染物削减量，kg;

$Q_{清}$——核算区域在核算年度内清洁生产项目产生的重金属污染物削减量，kg;

$Q_{整}$——核算区域在核算年度内污染源整治项目产生的重金属污染物削减量，kg;

$Q_{其他}$——核算区域在核算年度内可认定的基数外重金属污染物削减量，kg。

其中，$Q_{其他}$ 合计不高于基数内全部工程项目核算年度本介质中该类重金属污染物削减量的 10%。

针对不同的项目类型，本节通过分析项目背景、特点，确定项目的认定条件、研究项目核算方法，提出项目佐证材料要求等。基数外项目由于种类繁多，计算

方法各不相同，建议按照削减原理和核算原则进行计算，本书不再进行详细讨论。

4.2.1 淘汰退出项目

4.2.1.1 项目背景

污染源淘汰退出项目削减量主要是指关停工业企业与重金属污染物排放相关的全部或部分生产设施后形成的削减量。按照《规划》要求“逐步淘汰不符合产业政策或虽符合产业政策但治理后不能稳定达标的企业。包括列入产业结构调整指导目录、产业振兴调整规划、区域产业政策中处于淘汰类别的生产工艺和生产能力；符合产业政策但经过限期治理难以稳定达标的项目”。部分企业由于生产工艺落后、单位产能污染物排放量大、高耗能等因素，自主或在政府的强制条件下对全厂或者部分生产线进行关闭淘汰，是重金属污染物排放量削减的重要来源。

根据《规划》实施中期评估结果，截至2013年，全国共淘汰4 000余家涉重金属企业，淘汰铜冶炼204万t、铅冶炼296万t、锌冶炼85万t，制革2 580万标张，铅蓄电池5 800万kVAh，通过淘汰退出渠道形成的重金属污染物减排量为764.47 t，占全国总减排量的90.1%，具有绝对的贡献量。

4.2.1.2 项目特点分析

不同的淘汰退出类项目的淘汰程度、关停期限、淘汰原因等因素可能各不相同，对项目的认定造成困难。

从程度上区分，包括全厂淘汰和部分淘汰两种情况；从时间角度分，包括永久淘汰和临时停产两种情况；从原因角度分，包括自主关停和强制淘汰等。在认定过程中不同情况有不同的要求，在分别厘清项目的各项特点的基础上再进行核查核算。本书就淘汰退出项目的不同情况进行梳理，确定淘汰退出项目在不同情况下的认定条件和核算方法。

4.2.1.3 认定条件研究

在实际工作过程中，企业存在未淘汰、瞒报企业现状，临时关停、后又复产等情况，因此，本书建议对淘汰退出项目设定如下认定条件：

（1）永久性关停淘汰的企业或生产线

能够提供证明设施永久性关停的有效材料，并能证明关停的时间，包括政府的淘汰关闭文件、工信部门确认关停的公示文件、破产文件、吊销营业执照、排污许可证、生产许可证等文件、环境监察记录、停水断电证明、关停前后影像图片等。

（2）生产原因暂时停产的企业

不按照落后产能淘汰项目测算削减量，其排放量变化纳入排放重金属行业产能变化导致的新增量减少环节进行测算。

（3）停产治理、限期治理的企业

一律不计算削减量，待企业完成治理恢复正常生产后再根据治理设施运行情况，按照治理工程测算重金属污染物削减量。

因此，只有永久性关停的企业或生产线才可以纳入削减量的核查核算中。

4.2.1.4 核算方法研究

淘汰退出类企业重金属污染物的削减量应当等于被淘汰部分上一年度的重金属污染物排放量，即

$$Q = \eta W$$

式中：Q——淘汰退出项目重金属污染物削减量，kg；

η——淘汰退出部分生产线产量占全厂的比例；

W——上一年度全厂重金属污染物排放量，kg。

这里需要区分被淘汰生产线是否涉及重金属污染物的排放，若被淘汰部分不涉及则Q=0。W可参考上一年度的排放量计算值或基数情况。实际核算中应采用以下方法：

（1）企业淘汰（关停）全部生产设施。削减量按上年考核确认的环境统计中对应的排放量计算。在 2007 年第一次全国污染源普查库中有基数的，可参考污染源普查排放数据。没有环境统计数据的，削减量采用产排污系数类比测算，现阶段没有产排污系数的可按照达标排放浓度测算削减量。

（2）淘汰部分重金属污染物产生相关的生产设施。削减量的核算应采用淘汰的生产设施排放量而不是全部生产设施排放量。关停部分设施排放量可根据该生

产设施上年产品实际产量占总产量的比例确定，难以按产品产量分开测算的，可按照淘汰生产设施的设计生产能力所占全部产能的比例测算。

（3）企业淘汰（关停）前重金属污染物排入集中治理设施处理的，削减量按照企业排放量扣除集中治理设施去除量计算。

（4）淘汰的生产设施，削减量在核算时按年一次结清，不做跨年度核算。

4.2.1.5 台账要求

针对上述认定条件与核算方法，通过开展对企业运营情况的调查，研究提出削减量项目相关台账材料要求，用以佐证削减量项目：

（1）淘汰企业重金属减排台账档案目录明细。

（2）削减量核算方法及结果说明。

（3）淘汰企业的生产线、生产设施的基本情况，包括企业厂址、建设投产时间、生产工艺、生产规模、主要产品产量、污染物排放取缔关停生产设施的规模及其主要设备名称和数量、取缔关停时间、营业执照是否吊销等。

（4）当地政府或生态环境部门出具的取缔关停文件（或破产文件）。

（5）工商部门出具的营业执照吊销证明。

（6）供电、供水部门下发的停电、停水通知或证明材料。

（7）生态环境部门（省级）现场检查取缔关停的记录，以及日常巡查记录。

（8）生态环境部门注销排污许可证文件。

（9）关停、拆除主设备、生产线后的照片。

4.2.2 清洁生产技术改造项目

4.2.2.1 项目背景

清洁生产技术改造项目是通过采用清洁生产技术降低生产工艺过程中重金属污染物排放的项目，包括排放重金属的企业实施清洁生产中高费方案、生产工艺技术改造项目等。《规划》要求“积极推动清洁生产，实施污染源综合防治”，“重金属相关企业要结合清洁生产有关标准要求，实施清洁生产方案，改造生产工艺，减少重金属污染产生量和排放量”。

截至 2013 年年底，全国重点企业强制性清洁生产审核率为 58.8%，清洁生产重点项目完成率为 55%，全国清洁生产改造形成的重金属污染物削减量为 15.7 t。尽管各地生态环境部门大力推进强制性清洁生产审核，出台相关行业清洁生产审核技术指南等，但企业在面对中高费方案实施过程中需要的资金投入、技术改造活动时往往望而却步。

4.2.2.2　项目特点分析

在实际考核中，清洁生产技术改造因改造的内容和目的不同，产生的效果也不同。一些项目的改造可能是为了削减其他污染物的排放，并未涉及重金属的削减；一些项目的改造可同时减少多种污染物的排放；当然也有一些企业针对重金属污染物的减排进行清洁生产改造。因此，在核算中需要确定是否因为清洁生产技术改造产生了重金属污染物的削减。

此外，一些项目以生产设施改造为主，含有部分末端处理设施改造；有的项目实质上属于污染源末端治理设施技术改造的清洁生产项目；有的项目不涉及末端处理设施的改造，在核算认定中应当予以研究区分。

由于实际考核中，存在重审核、轻实施的问题，因此清洁生产改造项目是否开展了实质性的工程措施，是否完成了中高费方案，改造后的设施运行是否连续稳定，项目是否符合国家产业政策等都应作为核算考虑的重点因素。

4.2.2.3　认定条件研究

（1）确定清洁生产技术改造是否对重金属污染物的排放产生削减，只有当其产生重金属污染物削减时，才可在核查核算中认定。

（2）属于污染源末端治理设施技术改造的清洁生产项目：从清洁生产的内涵来看，清洁生产更强调减少生产过程和产品本身的污染物的产生，因此研究认为，此类项目应当按照污染源综合整治（改建）项目新增削减量考核方法进行测算。

（3）生产设施改造为主，含有部分末端处理设施改造，实质上属于清洁生产改造的项目，按照清洁生产技术改造项目考核方法进行测算。

（4）不涉及末端处理设施改造的清洁生产项目，按照本项目考核方法核算。

（5）纳入核算范围的清洁生产技术改造项目必须有实质性工程措施作为依托，

需提供项目验收文件或其他证明技术改造后设施连续稳定运行的有效材料。

（6）实施清洁生产技术改造后仍不符合国家产业政策的项目，其削减量不予认定。

4.2.2.4 核算方法研究

清洁生产技术改造项目削减量为改造前后重金属污染物排放量的差值，即

$$Q = W_0 - W_1$$

式中：Q——淘汰退出项目重金属污染物削减量，kg；

W_0——清洁生产改造前污染物的排放，kg；

W_1——清洁生产改造后污染物的排放，kg。

结合清洁生产技术改造项目的特点，生产技术改造前后可能引起产排污系数的变化，考虑到基数固定，建议重金属污染物的排放量优先采用产排污系数法测算。W的计算方法和有关原则参见“新增量测算技术方法选择”中产排污系数法的介绍，并采用监测数据法校核。若无适用的产排污系数，可采用监测数据法进行计算。

考虑到清洁生产改造后要求设施连续、稳定的要求，研究建议此类项目削减量从项目能够开始连续稳定运行后的次月起按照实际运行时间测算，当年测算时间不满 12 个月的，剩余月份削减量在下一年度测算，算满 12 个月为止。

4.2.2.5 台账要求

针对上述认定条件与核算方法，提出清洁生产技术改造项目台账内容要求如下：

（1）台账档案目录明细。

（2）项目基本情况及削减量核算情况，包括核算方法和结果等。

（3）项目环评报告及批复文件。

（4）项目可研报告及批复文件。

（5）污染治理设施设计说明书等，包括环保设施（装置）设计、施工资料。

（6）项目竣工环境保护验收监测报告及批复文件。

（7）生态环境部门监督性监测报告和企业委托性监测报告，提供生态环境部

门对重金属污染物排放企业至少每季度开展一次的监督性监测报告和达标情况说明，以及生态环境部门至少每半年开展一次的对重金属污染物排放企业周边环境的监督性监测报告及达标情况说明。

（8）生态环境部门现场监测报告。提供 3 年以上现场检查记录表，记录表按年度装订成册，重金属污染源每月巡查频次应符合要求。

（9）重金属分析监测仪器和设备日常维护与校验记录。

（10）有重金属排污在线监测仪的应提供仪器安装、验收、使用及校准资料。

（11）环境保护设施运行情况自检报告：运行台账、维护情况、监测计划及落实情况。

（12）危险废物转移联单及危险废物年度处理说明，包括危险废物的种类、产生量、去向及处理方式。

（13）清洁生产审核报告及验收文件。

（14）水、电、煤等费用、原材料采购单据等。

4.2.3　污染源综合整治项目

4.2.3.1　项目背景

污染源治理设施改造项目主要是通过改造污染源末端治理设施等工程措施实现的重金属污染物削减的项目，主要针对污染物的处理处置，而非产品生产工艺。一般来讲，通过对治污设施进行升级、改造，提高污染物处理效率，进而减少污染物的排放，达到更高的要求和标准。污染源治污设施新建、扩建项目同样是针对污染物处理处置的环保工程，通过新增治污设施、扩建治污设施来增加、加强对污染物的处理，减少污染物的排放。

截至 2013 年，污染源治污设施改建、新建、扩建 3 种减排渠道形成的重金属减排量为 68.13 t，占总减排量的 8.1%。

4.2.3.2　项目特点分析

由于污染源综合整治项目是在原有基础上进行新建、扩建或对原有设施进行改造，通过提高污染物去除率来产生削减量。因此，此类项目改造前后的污染物去除率的变化决定了其改造效果。对于新建而言，原有污染物无处理设施处置，则去除率为 0。

由于实际核查核算中，存在上报通过优化运行条件提高治污设施除去效率的项目，根据前文对削减途径的识别分析，此类项目未实施实际工程改造，不应纳入削减量核算范围。此外，与清洁生产项目类似，污染源综合整治项目是否开展了实质性的工程措施，改造后的设施运行是否连续稳定，项目是否符合国家产业政策等都应作为核算考虑的重点因素。

4.2.3.3 认定条件研究

（1）能够提供证明新建、扩建污染源深度治理设施或改造污染源治理设施连续稳定运行的有效证明材料。

（2）污染源将重金属污染废水直接排至工业园区污水集中处理设施的，削减量在集中处理设施削减量测算时统一考虑。

（3）下列情况不计削减量：新建、扩建生产项目实施“三同时”治理工程的（纳入新增量测算中一并考虑）；企业、生产工艺、生产装备和生产设施不符合国家产业政策的；未实施污染深度治理工程、节水工程、末端治理技术改造等实质性工程治理措施的；污泥未实现安全妥善处理处置的；考核期日常督察、定期核查、环保专项行动等发现存在严重或恶意环境违法行为的。

4.2.3.4 核算方法研究

（1）污染源综合整治（改建）项目

根据项目特点可知，污染源综合整治（改建）项目削减量为项目改造前后治污设施增加的重金属污染物削减量，即项目实施后的年重金属污染物削减量与改造前一年度削减量之差，按照改造前后设施削减效率之差测算。

$$Q=(\eta_1-\eta_0)\cdot W=(\eta_1-\eta_0)\cdot\frac{D}{1-\eta_1}$$

式中：Q——污染源综合整治（改建）项目重金属污染物削减量，kg；

η_0——治污设施改建前污染物的去除率；

η_1——治污设施改建后污染物的去除率；

W——核算年度污染物的产生量，kg；

D——核算年度污染物的排放量，kg。

由于产排污系数法对末端治理技术分类较粗糙，难以满足定量认定的需求，建议污染源治理设施改建项目按照改造前后设施削减效率之差测算。改造前后治污设施处理效率优先采用监测数据法确定，没有监测数据时采用工程经验值。重金属污染物废气中重金属污染物削减量无监测数据时，可采用同行业类比法或治理技术分类较为细致的产排污系数法。由于实际核算过程中，污染物的产生量 W 很难通过监测数据法测定，因此我们使用污染物排放量 D 来计算 W，即

$$W = \frac{D}{1-\eta_1}$$

（2）污染源综合整治（新建、扩建）项目

污染源综合整治（新建、扩建）项目新增削减量为新建、扩建治污设施重金属污染物削减量，采用项目实施前年实际排放量与新建、扩建治污设施深度治理效率计算，即

$$Q = \eta D_0$$

式中：Q——污染源综合整治（新建、扩建）项目重金属污染物削减量，kg；

η——新建、扩建治污设施的污染物去除率；

D_0——新建、扩建治污设施前污染物的排放量，kg。

新建、扩建治污设施处理效率优先采用监测数据法确定，没有监测数据时采用工程经验值。

对于所有污染源综合整治项目，削减量应从能够连续稳定运行的次月起按照实际运行时间测算，当年测算时间不满 12 个月的，剩余月份削减量可在下一年度测算，算满 12 个月为止。

4.2.3.5　台账要求

针对上述认定条件与核算方法，结合实际情况，提出与清洁生产项目类似的削减量项目台账内容要求如下：

（1）台账档案目录明细。

（2）项目基本情况及削减量核算情况，包括核算方法和结果等。

（3）项目环评报告及批复文件。

（4）项目可研报告及批复文件。

（5）污染治理设施设计说明书等，包括环保设施（装置）设计、施工资料。

（6）项目竣工环境保护验收监测报告及批复文件。

（7）生态环境部门监督性监测报告和企业委托性监测报告，提供生态环境部门对重金属污染物排放企业至少每季度开展一次的监督性监测报告和达标情况说明，以及生态环境部门至少每半年开展一次的对重金属污染物排放企业周边环境的监督性监测报告及达标情况说明。

（8）生态环境部门现场监测报告。提供近 3 年现场检查记录表，记录表按年度装订成册，重金属污染源每月巡查频次应符合要求。

（9）重金属分析监测仪器和设备日常维护与校验记录。

（10）有重金属排污在线监测仪的应提供仪器安装、验收、使用及校准资料。

（11）环境保护设施运行情况自检报告：运行台账、维护情况、监测计划及落实情况。

（12）危险废物转移联单及危险废物年度处理说明，包括种类、产生量、去向及处理方式。

（13）水、电、煤等费用、原材料采购单据等。

4.3 重点行业削减量验证方法研究

4.3.1 削减量验证方法设计

在前文研究的削减量核算方法的基础上，本节主要开展削减量核算验证方法的研究，其中包括政策制度要求的满足性验证、设计运行参数的符合性验证、核算数据的合理性验证等认定条件。

政策制度要求的满足性验证主要是对削减项目符合产业政策的情况、企业环境管理合格程度等进行验证。需要明确重点行业产业准入政策要求、产业调整与振兴要求、清洁生产标准工艺要求、排放标准等。通过对照填报项目信息和项目台账，判断该项目是否满足政策制度要求。

设计运行参数符合性验证主要是对削减量项目典型工艺技术设计运行参数与实际处理能力间定量逻辑关系的验证。需要明确影响重点重金属污染物削减效果的关键技术节点、工艺设计参数、设施运行参数，提出处理能力与关键参数之间的定量关系。

核算数据合理性验证主要是对削减量项目工艺相同或相似条件下用水量、处理水量、排放水量、处理浓度、排放浓度、去除效率等核查核算用数据进行定量逻辑关系验证。需要明确参考值，采用填报数据与数据参考值比对的方法验证核算数据的合理性。

4.3.2　重点行业验证参考值研究

针对上述 3 个验证方法，研究选取不同重点行业，开展验证参考值的研究，相关重点行业项目产生的削减量应当满足各部分要求。

4.3.2.1　铅锌采选行业

（1）政策制度要求

行业准入政策：①企业规模方面，新建铅锌矿山最低生产建设规模不得低于单体矿 3 万 t/a（100 t/d），服务年限必须在 15 年以上，中型矿山单体矿生产建设规模应大于 30 万 t/a（1 000 t/d）；采用浮选法选矿工艺的选矿企业处理矿量必须在 1 000 t/d 以上。②项目审批方面，必须按照《国务院关于投资体制改革的决定》中公布的政府核准投资项目目录要求办理，总投资 5 亿元及以上的矿山开发项目由国务院投资主管部门核准，其他矿山开发项目由省级政府投资主管部门核准。铅锌矿山、冶炼、再生利用项目资本金比例要达到 35%及以上。

清洁生产要求：①工艺和设备方面，新建大中型铅锌矿山要采用适合矿床开采技术条件的先进采矿方法，尽量采用大型设备，适当提高自动化水平。选矿须采用浮选工艺。②资源综合利用要求方面，铅锌采矿损失率坑采（地下矿）不超过 10%、露采（露天矿）不超过 5%，采矿贫化率坑采（地下矿）不超过 10%、露采（露天矿）不超过 4.5%。硫化矿选矿铅金属实际回收率达到 87%、选矿锌金属实际回收率达到 90%以上，混合（难选）矿铅、锌金属回收率均在 85%以上，平均每吨矿石耗用电量低于 35 kW·h，耗用水量低于 4 t/t 原矿，废水循环利用率大于 75%。禁止建设资源利用率低的铅锌矿山及选矿厂。国土资源管理部门在审批采矿权申请时，应严格审查矿产资源开发利用方案，铅锌矿的实际采矿损失率、贫化率和选矿回收率不得低于批准的设计标准。

铅、锌工业污染物排放标准：①现有企业和新建企业单位产品基准排水量选矿 2.5 m^3/t 原矿，总铅 0.5 mg/L、总汞 0.03 mg/L、总镉 0.05 mg/L、总铬 1.5 mg/L、总砷 0.3 mg/L。根据生态环境保护工作的要求，在国土开发密度已经较高、环境承载能力开始减弱，或环境容量较小、生态环境脆弱，容易发生严重环境污染等问题而需要采取特别保护措施的地区，应严格控制企业的污染物排放行为，在上述地区的企业执行规定的水污染物特别排放限值，单位产品基准排水量选矿 1.5 m^3/t 原矿，总铅 0.2 mg/L、总汞 0.01 mg/L、总镉 0.02 mg/L、总铬 1.5 mg/L、总砷 0.1 mg/L。②现有和新建企业大气污染物排放限值：铅及其化合物 8 mg/m^3。企业边界大气污染物任何 1 h 平均浓度执行限值：铅及其化合物 0.006 mg/m^3。

（2）设计运行参数

铅锌采选行业采矿废水通常回注矿坑或者排入尾矿库自然沉降后回用。选矿废水主要是酸性废水。采用的处理工艺是石灰中和+混凝沉淀。关键设计参数是中和反应和混凝反应时间、沉淀池沉降速率（固体通量）。主要运行参数是中和反应 pH 控制、中和反应和混凝反应加药量、污泥回流比控制、污泥含水率。铅锌采选行业废水化学沉淀法关键设计运行参数见表 4-1。

表 4-1 铅锌采选行业废水化学沉淀法关键设计运行参数

项目	参数名称	单位	参考值
设计	中和反应时间	min	5～10
	混凝反应时间	min	5～10
	沉淀池沉降速率（固体通量）	mm/s	1～1.5
运行	pH 控制	—	2～5
	石灰加药量［工业级，$Ca(OH)_2$ 的含量≥95%］	g/L	100（铅锌硫矿尾矿废水）
	混凝剂投药量	mg/L	6～15
	污泥回流比	%	5～10
	污泥含水率	%	80

（3）核算数据参考值

铅锌采选行业采用相同污染治理技术，核算用数据可参考表 4-2。

表 4-2 铅锌采选行业废水中和沉淀法核算参考值

治理技术名称：石灰中和+混凝沉淀		处理水量：t/t 原矿	
污染物	进水浓度/（mg/L）	出水浓度/（mg/L）	去除率/%
铅	1.2	0.17	85.8
汞	—	0.03	—
镉	0.1	0.01	90
铬	—	≤1.5	—
砷	0.11	0.01	90.9

4.3.2.2 铅锌冶炼行业

（1）政策制度要求

行业准入政策：①在规模方面：新建铅冶炼项目单系列产能在 5 万 t/a 以上（不含 5 万 t/a），新建锌冶炼项目单系列产能 10 万 t/a 及以上，新建铅锌冶炼项目企业自有矿山原料比例达到 30%以上。允许符合有关政策规定企业的现有生产能力通过升级改造淘汰落后工艺改建为单系列铅熔炼能力达到 5 万 t/a 以上、单系列锌冶炼规模达到 10 万 t/a 及以上。②在技术方面：新建铅冶炼项目，粗铅冶炼必须采用先进的富氧底吹强化熔炼或者富氧顶吹强化熔炼等生产效率高、能耗低、环保达标、资源综合利用效果好的先进炼铅工艺和双转双吸或其他双吸附制酸系统。新建锌冶炼项目，硫化锌精矿焙烧必须采用硫利用率高、尾气达标的沸腾焙烧工艺；单台沸腾焙烧炉炉床面积必须达到 109 m^2 以上，必须配备二转二吸制酸工艺。③铅锌行业限制类有：铅冶炼项目（单系列 5 万 t/a 规模及以上，不新增产能的技改和环保改造项目除外）；单系列 10 万 t/a 规模以下锌冶炼项目（直接浸出除外）。铅锌行业淘汰类有：采用马弗炉、马槽炉、横罐、小竖罐等进行焙烧、简易冷凝设施进行收尘等落后方式炼锌或生产氧化锌工艺装备；采用烧结锅、烧结盘、简易高炉等落后方式炼铅工艺及设备；烧结—鼓风炉炼铅工艺。

清洁生产要求：新建铅冶炼项目铅总回收率达到 96.5%以上，粗铅冶炼回收率大于 97%，铅精炼回收率大于 99%，总硫利用率大于 95%，硫捕集率大于 99%；水循环利用率在 95%以上。新建锌冶炼项目锌总回收率达到 95%，蒸馏锌冶炼回收率达到 98%，电锌回收率（湿法）达到 95%；总硫利用率大于 96%，硫捕集率大于 99%；水循环利用率达到 95%以上。现有铅锌冶炼企业铅总回收率达到 95%以上，粗铅冶炼回收率在 96%以上；总硫利用率达到 94%以上，硫捕集率达 96%以上；水循环利用率在 90%以上。锌冶炼蒸馏锌总回收率达到 96%，精馏锌总回收率达到 94%，电锌总回收率达到 93%以上；总硫利用率大于 96%（ISP 法达到 94%以上），硫总捕集率达 99%以上；水循环利用率达到 90%以上。②新建铅冶炼综合能耗低于 600 kg 标煤/t，粗铅冶炼综合能耗低于 450 kg 标煤/t，粗铅冶炼焦耗低于 350 kg/t，电铅直流电耗降到 120 kW·h/t 铅。新建锌冶炼电锌工艺综合能耗低于 1 700 kg 标煤/t，电锌生产析出锌电解直流电耗低于 2 900 kW·h/t，锌电解电流效率大于 88%；蒸馏锌标准煤耗低于 1 600 kg 标煤/t。现有铅冶炼企业综合能耗低于 650 kg 标煤/t，粗铅冶炼综合能耗低于 460 kg 标煤/t，粗铅冶炼焦耗低于 360 kg/t，电铅直流电耗降到 121 kW·h/t 铅，铅电解电流效率大于 95%。现有锌冶炼企业精馏锌综合能耗 2 200 kg 标煤/t，电锌工艺综合能耗低于 1 850 kg 标煤/t，电锌生产析出锌电解直流电耗低于 3 100 kW·h/t，锌电解电流效率大于 87%；蒸馏锌标准煤耗低于 1 650 kg 标煤/t。

铅、锌工业污染物排放标准：①现有企业和新建企业单位产品基准排水量选矿 2.5 m^3/t 原矿，总铅 0.5 mg/L、总汞 0.03 mg/L、总镉 0.05 mg/L、总铬 1.5 mg/L、总砷 0.3 mg/L。根据生态环境保护工作的要求，在国土开发密度已经较高、环境承载能力开始减弱，或环境容量较小、生态环境脆弱，容易发生严重环境污染等问题而需要采取特别保护措施的地区，应严格控制企业的污染物排放行为，在上述地区的企业执行规定的水污染物特别排放限值，单位产品基准排水量选矿 1.5 m^3/t 原矿，总铅 0.2 mg/L、总汞 0.01 mg/L、总镉 0.02 mg/L、总铬 1.5 mg/L、总砷 0.1 mg/L。②现有和新建企业大气污染物排放限值：铅及其化合物 8 mg/m^3。企业边界大气污染物任何 1 h 平均浓度执行限值：铅及其化合物 0.006 mg/m^3。③产生大气污染物的生产工艺和装置必须设立局部或整体气体收集系统和集中净化处理装置。所有排气筒高度应不低于 15 m。排气筒周围半径 200 m 范围内有建筑物时，排气筒高度还应高出最高建筑物 3 m 以上。铅、锌冶炼炉窑规定过量空气系数为 1.7。实测的铅、锌冶炼炉窑的污染物排放浓度，应换算为基准过量空气系数排放浓度。生产设施应采取合理的通风措施，不得故意稀释排放。在国家未规定其他生产设施单位产品基准排气量之前，暂以实测浓度作为判定是否达标的依据。

（2）设计运行参数

冶炼废气治理：目前铅锌冶炼厂的废气治理仍主要是针对颗粒物和 SO_2 的去除，烟气收尘和烟气脱硫是铅锌冶炼废气治理的两大重点。铅锌冶炼中各类烟气均可采用布袋收尘或电除尘器。铅锌冶炼烟气中的 SO_2 用于制酸。铅锌冶炼烟气收尘流程见表 4-3。

表 4-3　铅锌冶炼烟气收尘流程

炉窑	含尘量/（g/m^3）	收尘流程
鼓风烧结机	25～40	烟气→沉尘室（或旋风收尘器）→电除尘器→风机→制酸
炼铅鼓风炉	8～30	烟气→水套烟道→表面冷却器→布袋收尘器→风机→烟囱
烟化炉	50～100	烟气→余热锅炉→表面冷却器→袋式收尘器→风机→烟囱
氧气底吹炼铅炉	150～250	烟气→余热锅炉→电除尘器→风机→制酸
浮渣反射炉	5～10	烟气→淋水塔→淋水冷却器→袋式收尘器→风机→烟囱 烟气→冷却烟道→风机→文氏管→汽水分离器→烟囱
干燥窑	10～20	烟气→旋风除尘器→风机→湿式除尘器→烟囱 烟气→袋式除尘器→风机→烟囱
锌焙烧炉	100～150	烟气→余热锅炉→一级旋风除尘器→二级旋风除尘器→电除尘器→风机→制酸 烟气→水套冷却器→旋风除尘器→电除尘器→风机→制酸
浸出渣挥发窑	40～55	烟气→余热锅炉→表面冷却器→袋式收尘器→风机→烟囱 烟气→余热锅炉（或表面冷却器）→电除尘器→风机→烟囱
密闭鼓风炉	20～25	烟气→冷凝器→洗涤塔→洗涤机→（湍球塔）→脱水器→风机→用户
多膛炉	5～10	烟气→表面冷却器→袋式收尘器→风机→烟囱

不同布袋收尘器关键参数见表 4-4。

表 4-4　不同布袋收尘器关键参数

参数	脉冲袋式收尘器	覆膜玻璃纤维袋式收尘器	玻璃纤维袋式收尘器
透气率/（m/h）	80～90	70～90	30～35
温度上限/℃	200	280	280
布袋类型	聚酯/诺梅克斯	塑性涂料膜/玻璃纤维	玻璃纤维
布袋尺寸/m^2	0.126×6.0	0.292×10.0	0.292×10.0
单布袋滤料面积/m^2	2.0	9.0	9.0
压力降/kPa	2.0	2.0	2.5
布袋寿命	2 年半以上	6～10 年	6～10 年

铅锌冶炼废水：主要为污酸和一般生产废水，污酸呈酸性，且重金属污染物浓度较高，较难处理，一般企业均对污酸先单独处理后，再与其他生产废水混合进行沉淀处理。目前，国内铅锌冶炼企业最常用的污水处理方法为石灰中和沉淀法，形式为两段或多段中和，部分企业采用铁氧体法，有的企业采用上述方法处理后，增加一段深度处理措施后做到废水回用。

关键设计运行参数参考选矿行业。

（3）核算数据参考值

根据 2007 年第一次全国污染源普查数据，铅锌冶炼废气常用末端处理技术的除尘效率见表 4-5。

表 4-5　铅锌冶炼废气常用末端处理设施去除率

序号	治理技术（设备）名称	去除率/%
1	旋风+静电除尘法	98.5
2	湿式除尘法（喷淋塔）	90.0
3	湿式除尘法（文丘里）	98.0
4	湿式除尘法（泡沫塔）	97.0
5	湿式除尘法（动力波）	99.5
6	过滤除尘法（布袋除尘器）	99.0
7	烟气制酸（一转一吸）无尾气吸收	96.0
8	烟气制酸（一转一吸）有尾气吸收	98.5
9	烟气制酸（二转二吸）	98.5
10	湿法脱硫（石灰石膏法）	90.0
11	旋风收尘	65.0

在上述措施的基础上，有部分企业采用烟气制酸脱汞处理等重金属治理措施，进一步减少重金属污染物排放量，脱汞产生的甘汞可以由有资质的单位回收。

污酸采用硫化法处理+总废水处理站两段中和沉淀处理工艺，核算数据见表 4-6 和表 4-7。

表 4-6　铅锌冶炼污酸硫化处理法核算参考值

主要污染物浓度	铅	汞	镉	砷	pH
处理前废水/（mg/L）	17.5	1.01	6.7	4.2	1
处理后出水/（mg/L）	1.28	0.021	1.28	0.35	5
去除率/%	92.7	98	81.9	91.7	—
排放标准/（mg/L）	1.0	0.05	0.1	0.5	6～9

表 4-7　总废水处理站废水处理后水质统计结果

污染物	铅	汞	镉	砷	pH
排放浓度/（mg/L）	0.855	3.7×10^{-3}	0.15	0.049	10.9
排放标准/（mg/L）	1.0	0.05	0.1	0.5	6～9

废水三段中和沉淀法核算数据见表 4-8。

表 4-8　铅锌冶炼废水三段中和沉淀法核算参考值

项目	铅	镉	砷	pH
处理前/（mg/L）	0.31	1 140	4.22	3.12
处理后/（mg/L）	0.19	0.03	0.095	7.92
效率/%	40	99.99	97.7	—

4.3.2.3　皮革及其制品业

（1）政策制度要求

行业准入政策：淘汰年加工 3 万标张以下的制革生产线；严格限制投资新建年加工 10 万标张以下的制革项目。

清洁生产要求：皮革及其制品业严格按照《清洁生产标准合成革工业》（HJ 449

—2008)、《清洁生产标准制革工业（牛轻革）》（HJ 448—2008）、《清洁生产标准制革工业（猪轻革）》（HJ/T 127—2003）和《清洁生产标准制革工业（羊革）》（HJ 560—2010）所确定的生产工艺与装备要求、资源能源利用指标、产品指标、污染物产生指标（末端处理前）、废物回收利用指标和环境管理要求等进行建设和生产。鞣制工段采用少铬鞣制，推荐采用高吸收、高结合铬鞣及含铬液循环利用，或其他环保型的非铬鞣；复鞣工段无铬、无甲醛复鞣剂占80%以上，推荐采用无铬、无甲醛复鞣剂。

排放标准：单位原料皮基准排水量制革企业 55 m^3/t 生皮，毛皮加工企业 45 m^3/t 生皮。总铬制革企业 1.5 mg/L、毛皮加工企业 1.5 mg/L；六价铬制革企业 0.1 mg/L、毛皮加工企业 0.1 mg/L。根据环境保护工作要求，在国土开发密集度已经较高、环境承载力开始减弱，或环境容量较小、生态环境脆弱，容易发生严重环境污染问题而需要采取特别保护措施的地区，应严格控制企业的污染物排放行为，区域内企业执行水污染物特别排放限值。特别排放限值单位原料皮基准排水量 45 m^3/t 生皮，总铬 0.5 mg/L，六价铬 0.05 mg/L。

（2）设计运行参数

制革及毛皮加工生产过程中产生的废水污染物包括含硫废水、含铬废水、脱脂废水、综合废水等。制革及毛皮加工废水污染物治理项目主要包括含铬废水预处理，综合废水处理污泥处理。

结合核算工作，制革及毛皮加工削减量项目主要是含铬废液处理项目。参照《制革及毛皮加工废水治理工程技术规范》（HJ 2003—2010），含铬废液处理主要采用碱沉淀工艺。其工艺过程是含铬废液通过加碱沉淀，经压滤成铬饼，单独存放、处置或经酸化后循环利用。该工艺铬回收率达99%以上，上清液中的总铬含量小于 1 mg/L。关键设计运行参数见表 4-9。

表 4-9 制革及毛皮加工含铬废液碱沉淀工艺关键设计运行参数

项目	参数名称	单位	参考值
设计	贮液池停留时间	d	＞2
	碱沉淀沉降时间	h	＞3
	板框压滤周期	h	4～6

项目	参数名称	单位	参考值
设计	板框压滤处理能力	kg/（m^2·次）	1.5
	酸化反应时间（机械搅拌或空气搅拌）	h	＞1
	酸化沉降时间	h	3～4
	陈化时间	d	5～7
运行	铬液 pH	—	8.5～10.0
	酸化反应 pH	—	2.0～2.3
	电耗	kW·h/m^3	1.5～2.8
	碱（MgO 或 NaOH）加药量	mg/L	2 000～4 000
	酸（H_2SO_4）加药量	mg/L	700～3 000

（3）核算数据参考值

皮革及其制品业采用相同的处理工艺时，核算用数据可参考表 4-10。

表 4-10　制革及毛皮加工含铬废液碱沉淀处理工艺核算参考值

污染物	出水浓度/（mg/L）	去除率/%
铬	≤1	≥99

4.3.2.4　电石法聚氯乙烯行业

（1）政策制度要求

行业准入政策：①新建、改建、扩建电石法聚氯乙烯项目必须同时配套建设电石渣制水泥等电石渣综合利用装置，其电石渣制水泥装置单套生产规模必须达到 2 000 t/d 及以上。现有电石法聚氯乙烯生产装置配套建设的电石渣制水泥生产装置规模必须达到 1 000 t/d 及以上。鼓励新建电石法聚氯乙烯配套建设大型、密闭式电石炉生产装置，实现资源综合利用。②新建、改建、扩建电石法聚氯乙烯装置，电石消耗应小于 1 420 kg/t（按折标 300 L/kg 计算）。新建乙烯氧氯化法聚氯乙烯装置乙烯消耗应低于 480 kg/t。③新建、改建、扩建电石法聚氯乙烯企业必须使用低汞触媒，并采用由工信部发布的《聚氯乙烯行业清洁生产推行方案》（工信部节〔2010〕104 号）所涉及的清洁生产技术，不符合要求的不予批准；电石法聚氯乙烯老企业要在 3 年内完成低汞触媒替代高汞触媒工作，并完成《聚氯乙烯行业清洁生产推行方案》所涉及的清洁生产技术改造，未完成改造的要予以关停。④电石法聚氯乙烯生产装置产生的废汞触媒、废汞活性炭、含汞废酸、含汞废水等必须严格执行国家危险废物的管理规定，严格监控。

清洁生产要求：①根据《氯碱行业（聚氯乙烯）清洁生产标准》“氯碱工业（电石法聚氯乙烯）汞触媒要求采用低汞触媒技术，推荐采用低汞触媒和含汞酸性废水处理技术；氯乙烯汞要求回收处理”。②新建、改建、扩建烧碱、聚氯乙烯生产企业必须达到国家发展改革委发布的《烧碱/聚氯乙烯清洁生产评价指标体系》所规定的各项指标要求。电石法聚氯乙烯生产企业必须要有电石渣回收及综合利用措施，禁止电石渣堆存、填埋。《电石法聚氯乙烯行业汞污染综合防治规划》提出“实施严格的汞污染源监管”。

排放标准：聚氯乙烯废水吨产品排水量小于 4 m^3/t，最高允许排放浓度为 0.005 mg/L。

（2）设计运行参数

含汞废水主要包括盐酸解吸工序的排污水、碱洗排污水、触媒抽吸排水和地面冲洗水等。含汞废水的处理方法有硫化物处理法、还原法、氯化亚铁处理法、活性炭吸附法等。最为常用的是硫化物处理法。

含汞废气主要通过采用低汞触媒生产技术（质量百分比浓度低于 0.3%氯化汞溶液注入密闭的浸渍罐）替代高汞触媒。使用低汞触媒技术汞的使用量减少一半，排放量降低 75%。

含汞固体废物主要是产生的废汞触媒、含汞废活性炭等，需交由有资质的企业进行回收。废汞触媒可以采用控氧干馏法回收废触媒中氯化汞技术处置，利用活性炭焦化温度比氯化汞升华温度高的原理，设计了氮气保护干馏法废触媒回收氯化汞装置，将干燥的废触媒置于密闭可旋转调温的炉中，物料中的氯化汞变为蒸气，经气体抽出装置抽出，强力冷却成固体颗粒进行回收。工艺过程全封闭，水、气在系统内循环，氯化汞实现高比例回收，处理后触媒中氯化汞含量小于 0.3%。电石法聚氯乙烯行业废水硫化物处理法关键设计运行参数见表 4-11。

表 4-11　电石法聚氯乙烯行业废水硫化物处理法关键设计运行参数

项目	参数名称	单位	参考值
设计	混合池（沉淀槽）反应时间	h	1～2
	反应后沉淀时间	h	5～8
运设	pH	—	9～11
	加药量	mg/L	2 000～4 000
	电耗	$kW·h/m^3$	1.5～2.8

（3）核算数据参考值

电石法聚氯乙烯行业废水硫化物处理法汞的去除率为 95%。

使用低汞触媒技术大气汞排放量降低 75%。

4.3.2.5　铅蓄电池制造行业

（1）政策制度要求

行业准入政策：①新建、改建、扩建铅蓄电池生产企业（项目），建成后同一厂区年生产能力不应低于 50 万 kVAh（按单班 8 h 计算，下同）；现有铅蓄电池生产企业（项目）同一厂区年生产能力不应低于 20 万 kVAh；现有商品极板（指以电池配件形式对外销售的铅蓄电池用极板）生产企业（项目），同一厂区年极板生产能力不应低于 100 万 kVAh；卷绕式、双极性、铅碳电池（超级电池）等新型铅蓄电池，或采用扩展式（拉网、冲孔、连铸连轧等）板栅制造工艺的生产项目，不受生产能力限制。②不符合行业准入条件：开口式普通铅蓄电池（指采用酸雾未经过滤的直排式结构，内部与外部压力一致的铅蓄电池）生产项目；现有开口式普通铅蓄电池生产能力；新建、改建、扩建商品极板生产项目；新建、改建、扩建外购商品极板组装铅蓄电池的生产项目；新建、改建、扩建干式荷电铅蓄电池（内部不含电解质，极板为干态且处于荷电状态的铅蓄电池）生产项目；新建、改建、扩建镉含量高于 0.002%（电池质量百分比，下同）或砷含量高于 0.1%的铅蓄电池及其含铅零部件生产项目；现有镉含量高于 0.002%或砷含量高于 0.1%的铅蓄电池及其含铅零部件生产能力应于 2013 年 12 月 31 日前予以淘汰。

产业结构调整目录（2011 年）：要求逐步淘汰镉含量大于 0.002%的铅蓄电池；2014 年前淘汰 20 万 kVAh/a 规模以下铅蓄电池生产企业。

清洁生产要求：工艺与装备方面，熔铅、铸板及铅零件工序应设在封闭的车间内，熔铅锅、铸板机中产生烟尘的部位，应保持在局部负压环境下生产，并与废气处理设施连接。熔铅锅应保持封闭，并采用自动温控措施，加料口不加料时应处于关闭状态，禁止采用开放式熔铅锅和手工铸板工艺，新建、改建、扩建项目如采用重力浇铸板栅工艺，应实现集中供铅（指采用一台熔铅炉为两台以上铸板机供铅）；铅粉制造工序应采用全自动密封式铅粉机，铅粉系统（包括贮粉、输粉）应密封，系统排放口应与废气处理设施连接，禁止使用开口式铅粉机和人工输粉工艺；和膏工序（包括加料）应使用自动化设备，在密封状态下生产，并与废气处理设施连接，禁止使用开口式和膏机；涂板及极板传送工序应配备废液自动收集系统，并与废水管线连通，禁止采用手工涂板工艺，生产管式极板应当使用自动挤膏机或封闭式全自动负压灌粉机，禁止采用手工操作干式灌粉工艺；分板刷板（耳）工序应设在封闭的车间内，采用机械化分板刷板（耳）设备，做到整体密封，保持在局部负压环境下生产，并与废气处理设施连接，禁止采用手工操作工艺；供酸工序应采用自动配酸系统、密闭式酸液输送系统和自动灌酸设备，禁止采用人工配酸和灌酸工艺；化成工序应设在封闭的车间内，配备硫酸雾收集装置并与相应处理设施连接，采用外化成工艺的，化成槽应封闭，并保持在局部负压环境下生产，禁止采用手工焊接外化成工艺，2012 年 12 月 31 日后新建、改建、扩建的项目，禁止采用外化成工艺，且化成充电机放电能量必须回馈利用，不得用电阻消耗；包板、称板、装配焊接等工序，所有工位应配备烟尘收集装置，根据烟、尘特点采用符合设计规范的吸气方式，保持合适的吸气压力，并与废气处理设施连接，确保工位在局部负压环境下；淋酸、洗板、浸渍、灌酸、电池清洗工序应配备废液自动收集系统，通过废水管线送至相应处理装置进行处理；新建、改建、扩建项目的包板、称板工序必须采用机械化包板、称板设备；新建、改建、扩建项目的焊接工序必须使用自动烧焊机或自动铸焊机等自动化生产设备；新建、改建、扩建项目的电池清洗工序必须使用自动清洗机。

污水综合排放标准：总铅 1.0 mg/L、总汞 0.05 mg/L、总镉 0.1 mg/L、总铬 1.5 mg/L、总砷 0.5 mg/L。大气污染物综合排放标准：1997 年 1 月 1 日前设立的污染源铅及其化合物排放限值 0.90 mg/m^3，镉及其化合物排放限值 1.0 mg/m^3，1997 年 1 月 1 起设立的污染源铅及其化合物排放限值 0.70 mg/m^3，镉及其化合物排放限值 0.85 mg/m^3。铅蓄电池行业大气污染物排放标准（上海市地方标准）：新建企业自 2012 年 8 月 1 日起执行该标准，现有企业自 2013 年 8 月 1 日起执行该标准，规定排气筒中铅及其化合物最高允许排放浓度 0.1 mg/m^3，最高允许排放速率 0.002 5 kg/h，企业边界无组织排放中铅及其化合物监控浓度限值为 0.001 mg/m^3。

（2）设计运行参数

含铅废水主要源于化成极板的漂洗、蓄电池装成后清洗、车间含铅烟、铅尘废气处理以及车间地面冲洗中产的废水，含铅废水处理使用最多的是化学沉淀法。根据沉淀剂的不同，又可以分为氢氧化物沉淀法、硫化物沉淀法、碳酸盐沉淀法等，其中氢氧化物沉淀法应用较多。通过向废水中投加化学药剂［碱液、聚合氯化铝（PAC）、聚丙烯酰胺（PAM）等］，使药剂与重金属污染物发生化学反应，形成难溶的固体生成物（沉淀物），然后进行固液分离，从而除去废水中的污染物。

关键设计参数是混凝反应时间、沉淀池水流速度。主要运行参数是中和反应 pH 控制、中和反应和混凝反应加药量、污泥回流比控制、污泥含水率。关键设计运行参数见表 4-12。

表 4-12　铅蓄电池行业废水化学沉淀法关键设计运行参数

项目	参数名称	单位	参考值
设计	中和反应时间	min	10
	沉淀池水流速度	mm/s	＜2
运行	pH 控制	—	9～10
	聚铝投加量	mg/L	50～100
	聚丙烯酰胺投加量	mg/L	10～20
	污泥回流比	%	5～10
	污泥含水率	%	≤80

（3）核算数据参考值

铅蓄电池行业采用相同污染治理技术时，核算用数据可参考表 4-13。

表 4-13　铅蓄电池行业废水化学沉淀法核算参考值

治理技术名称：氢氧化钠中和+混凝沉淀		0.35 t/kVAh 产品	
污染物	进水浓度/（mg/L）	出水浓度/（mg/L）	去除率/%
铅	24～90	0.85～2.21	96～98

4.4　削减量资料核查与现场核查要点研究

基于本书构建的削减量核查核算技术方法，分析、归纳重点行业资料核查和现场核查要点，以及资料核查和现场核查结合点。本书将现场核查问题与削减量核定数据相结合，制定利用现场核查情况调整项目和区域削减量数据的方法。

4.4.1　削减量资料核查要点

针对上节研究内容，总结削减量资料核查要点：

（1）能否支撑项目满足认定条件要求。

（2）环评及其验收报告中生产工艺、治污技术、规模等是否满足产业政策。

（3）监督性监测报告中监测数据是否满足行业重金属污染物排放标准。

（4）可研报告、设计说明书中设计关键参数是否选取合理，设计计算的构筑物尺寸、主要设备参数是否正确。

（5）核算表中进出水浓度、去除率等主要核算用数据是否合理。

（6）企业危险废物转移联单中，废物量是否合理。

4.4.2　削减量现场核查要点

对重点重金属污染物上报削减量大、资料审核中发现材料或数据存疑企业进行现场核查。

主要包括：项目建设运行情况评估，如治污设施是否建成并连续稳定运行；上报资料相关信息复核；核算数据复核；企业管理水平评估等内容。

现场核查过程中，根据重点行业削减量现场核查要点逐一检查项目是否符合要求，重点核查污染防治设施建设情况、运行闲置情况、排污口与监测采样口的符合性、实际排污情况与监测数据的对应情况、项目实际工艺流程与设计方案的一致性、污染源环境管理情况等。

污染源治理项目须提供企业台账，台账包括污染防治设施运行记录（用水用电、加药及维修记录）、排污情况等。铅蓄电池企业需提供生产用铅合金进货检验单据。

现场发现问题较大的，要在综合分析的基础上对监测数据推算的治污效率进行适当修正。

专栏4-1 重点行业削减量现场核查要点

铅冶炼行业

1. 原配料：汽车冲洗水是否设置沉淀池，水是否循环使用，不外排。

2. 烟化炉：冲渣水是否循环使用。

3. 精炼：浇铸机冷却水是否循环使用。

4. 污水处理站：处理设施是否运行正常，是否有完整的运行记录，是否安装重金属在线监测装置，在线监测装置是否实现第三方运营管理，污泥是否符合危险废物暂存要求，可检查处理药剂进货使用记录判定系统是否连续运行，各管线是否标识清楚，并采取防渗、防漏、防腐措施。

电镀行业

1. 清洗、钝化：高铬钝化废水中是否单独处理。

2. 废水处理工艺：各车间排放口排水总量与废水处理站进水量是否一致，检查电镀废水是否分类处理，工艺流程是否与设计方案一致，有无部分工艺闲置。

3. 废水处理设施及运行：构筑物的大小尺寸是否满足处理水量需要，构筑物是否进行防渗、防腐处理，有无开裂、沉陷、渗漏等情况；管道有无滴漏，有无偷排暗管，提升泵、加药泵、污泥泵等是否能正常运行，设备运行、加药及维修记录等是否记录齐全；废水总排口是否规范化，是否按照生态环境部门要求安装流量计、pH、重金属等在线监控设施并联网，企业是否建有事故应急池。

4. 废气防治设施：检查盐酸、硝酸、氢氟酸处理槽和镀铬、氰化物电镀等主要产生废气的环节配备废气收集装置情况，是否有无组织排放现象；查看管道有无漏风，排气筒高度是否超过 15 m 或符合环评要求；检查废气设施是否有运行台账管理，包括每日的环保设备运行、清理及维修记录。

5. 排放口：检查自动监控装置安装、运行、联网、维护情况，是否正常；检查自动监控装置的定期比对监测及监控数据的有效性审核情况，是否有较大误差；检查自动监测仪器显示的数据是否齐全，是否能显示历史数据，自动监测仪器是否有超标排放记录；检查监测室的设置是否符合技术规范要求；检查是否有偷排口、偷排暗管或采取其他规避监管的方式排放废水现象，是否存在将废水无处理稀释排放现象。

铅蓄电池

1. 废水处理：生产废水与生活污水分别处理，建有与生产能力配套的含铅废水处理与回用设施；废水处理使用的构筑物进行防渗、防腐处理；废气处理，废水循环回用；企业建有事故应急池；厂区内淋浴水和洗衣废水作为含铅废水单独处理；废水总排口规范化，处理设施运行正常；废水总排口和涉及铅污染的车间废水排放口鼓励安装流量计、pH、铅等指标的在线监控设施，并与生态环境部门联网；工业用水重复利用率≥70%。

2. 废气治理：称片、包片、焊接等产生铅烟、铅尘的工位必须配备高效处理设施，并达到排放控制要求；酸雾经吸收设备处理后达标排放；化成工序安装硫酸雾净化装置，装置中有碱液中和系统。

皮革行业

废水处理：生产废水与生活污水分别处理，建有与生产能力配套的含铬废水处理与回用设施；废水处理使用的构筑物进行防渗、防腐处理；含铬废水单独处理，达到《污水综合排放标准》（GB 8978—1996）中第一类污染物最高容许排放浓度；废水总排口规范化，处理设施运行正常，实现稳定达标排放。废水总排口和涉及铬污染的车间废水排放口安装流量计、pH、铬等指标的在线监控设施，并与生态环境部门联网；相关档案齐全，每日的废水、废气处理设施运行、加药及维修记录完备。

电石法聚氯乙烯行业

1. 除汞器：处理、处置废含汞活性炭；除汞器底部是否有排酸口，排出的酸如何处置。

2. 水洗工序：盐酸脱析后的含汞废酸如何处置；若采用活性炭吸附，含汞活性炭如何处置；若采用硫氢化钠处理，产生的含汞废渣如何处置；处理后的废酸如何处置。

3. 碱洗工序：含汞废碱如何处置；含汞活性炭、锯末以及硫化汞废渣如何处置。

第 5 章　燃煤电厂大气汞排放量核算方法

大气汞污染问题已成为当今国际社会持续关注的焦点。根据 2013 年联合国环境规划署的评估，2010 年我国人为源大气汞排放量为 650 t 左右，占全球总排放量的 1/3，是全球人为源大气汞排放量最大的国家。由于燃煤电厂在我国电源结构中占主要地位，随着电力行业的快速发展，燃煤电厂为我国重要的人为大气汞排放源，排放贡献率为 20%左右。但是，我国燃煤电厂大气汞污染治理刚刚起步，工作基础十分薄弱，目前尚缺乏适合国内发展水平的燃煤电厂大气汞排放计量核算的统一方法，存在排放基数不清的问题。而客观评价和了解行业大气汞排放状况，是科学制定燃煤电厂大气汞排放控制目标、控制技术路线、控制对策的重要基础和依据，对解决大气汞污染问题具有重大意义，同时也将积极推动国际汞公约的顺利履行。

本书分析了燃煤电厂大气汞排放特征，识别了燃煤电厂大气汞排放影响因素，总结了国际燃煤电厂大气汞排放控制动态，评估了我国燃煤电厂大气汞排放控制现状，在此基础上建立了我国燃煤电厂大气汞排放量核算方法，并核算了 2013 年全国燃煤电厂大气汞排放量。

5.1　燃煤电厂大气汞排放特征分析

分析和识别燃煤电厂大气汞排放特征，是科学建立燃煤电厂大气汞排放量核算方法、正确开展燃煤电厂大气汞排放量核算的关键。

5.1.1　燃煤发电锅炉汞释放因子

汞是煤中最易挥发的痕量元素之一，在煤燃烧过程中，绝大部分汞进入烟气中，仅较小一部分残留在底灰和熔渣中。根据国内外相关研究，对于燃煤电厂常用的煤粉炉、循环流化床锅炉来说，平均汞释放因子在 99%以上，而层燃炉的平均汞释放因子为 95%。

5.1.2 燃煤电厂烟气中汞的存在形态

图 5-1 给出了燃煤发电锅炉煤燃烧过程中汞的释放与出口烟气中汞的形态。燃煤烟气中的汞以 3 种形态存在，即气态元素汞（Hg^0）、气态二价汞（Hg^{2+}）、颗粒态汞（Hg_p）。在通常的炉膛温度范围内，煤中的汞几乎全部以 Hg^0 的形式进入烟气中。而在复杂的燃烧后环境中，Hg^0 将经历一系列复杂的物理变化和化学变化，一部分被催化氧化为 $Hg^{2+}X$（X 为 Cl_2、O、SO_4 等），一部分被氯化氧化为 $HgCl_2$。部分 Hg^0 和 $Hg^{2+}X$ 被烟气中的飞灰吸附，形成 Hg_p。Hg^0 具有高的挥发性和极低的水溶性，难以被捕获，但可被催化氧化为 Hg^{2+}而得到控制；Hg^{2+}挥发性较低，易溶于水，较易控制；Hg_p 能够随飞灰被除尘器去除，最容易控制。鉴于上述各形态汞的特性，燃煤电厂大气汞排放控制技术的基本思路就是促进 Hg^0 向 Hg^{2+}或 Hg_p 转化。

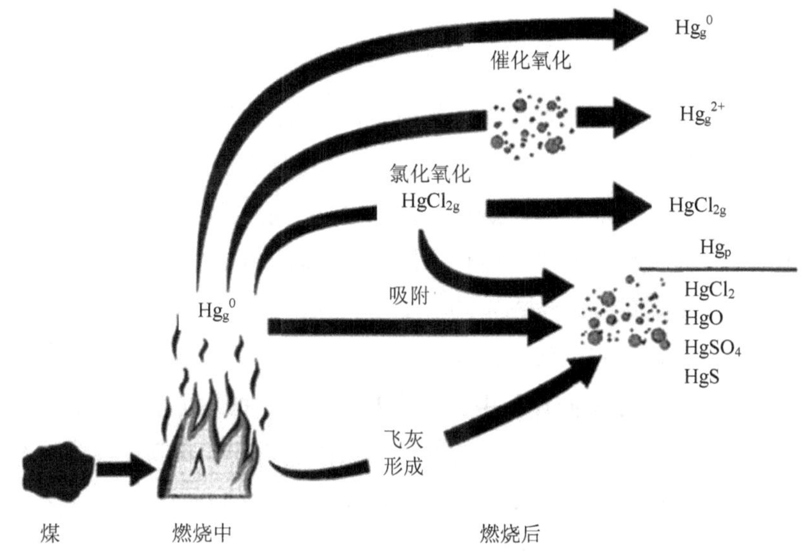

图 5-1 燃煤过程中汞的释放与形态转化示意图

5.1.3 燃煤电厂大气汞排放控制技术

根据燃煤电厂大气汞排放环节和特点，控制措施主要包括 3 种：燃料的预处理、燃烧方式改进、烟气净化或末端治理。这 3 个过程又可称为燃烧前脱汞、燃烧中脱汞和燃烧后烟气脱汞。

5.1.3.1 燃烧前脱汞

燃烧前脱汞是通过浮选法除去原煤中的部分汞，阻止汞进入燃烧过程。它是一种物理清洗技术，是建立在煤粉中有机物质与无机物质的密度不同及它们的有机亲和性不同的基础上。主要方法包括洗煤和热解技术。汞主要存在于煤中的无机矿物质中，在煤炭洗选时汞会大量富集在浮选废渣上，从而实现与原煤的分离。相关研究表明，传统的洗煤技术能去除煤中约 38.8%的汞，而先进的化学物理洗煤技术的脱汞效率可达 64.5%。热解法脱汞是利用汞的高挥发性，在不损失碳素的温度下，使烟煤温和热解而使汞挥发出去。目前，热解脱汞技术尚处于实验室研究阶段。

5.1.3.2 燃烧中脱汞

改变燃烧状况能够降低烟气中汞的浓度，或者改变烟气特性使烟气中的汞更容易被下游烟气净化装置去除。目前，有关燃烧过程中脱除汞的研究很少。但是，针对其他污染物而采用的一些燃烧控制技术可能对汞的脱除具有积极的作用。主要方法包括：一是流化床燃烧。流化床燃烧方式较长的炉内停留时间致使细颗粒吸附汞的机会增加，能促进气态汞的沉降。另外，它的炉内温度相对较低，导致 Hg^{2+}含量增加，且抑制其重新转化成 Hg^0，在后续净化设备中易被去除。二是低氮燃烧。低 NO_x 燃烧技术同样是由于操作温度较低，增加了烟气中 Hg^{2+}的含量。三是炉膛喷入吸附剂。针对 Hg^{2+}容易被吸附去除的机理，研制某种催化剂或添加剂，提高 Hg^0 氧化成 Hg^{2+}的比例，从而控制汞排放。

5.1.3.3　燃烧后烟气脱汞

（1）除尘脱硫脱硝协同除汞

燃煤电厂现有的大气污染控制设施主要是用以去除烟气中的烟尘、SO_2 和 NO_x。除尘技术包括静电除尘器、袋式除尘器和电袋式除尘器，脱硫可分为湿法、半干法和干法 3 种工艺，脱硝技术主要包括选择性催化还原法和选择性非催化还原法。这些污控设施都具有一定的除汞能力。利用除尘脱硫脱硝协同除汞是燃煤电厂控制大气汞排放最为经济有效的手段，当脱汞效率要求达到 90%以上时，则需应用专门的除汞技术。

①除尘设备对汞的脱除

静电除尘器和袋式除尘器在高效地捕获烟气中颗粒物的同时，能在一定程度上去除烟气中的 Hg_p。一般认为，Hg_p 占煤燃烧中汞排放总量的比例小于 5%，且其大多存在于亚微米级颗粒中，而一般电除尘器对这部分粒径范围的颗粒脱除效率很低，所以电除尘器的脱汞能力有限。但是使用高氯煤的锅炉，烟气中会产生更多的未燃尽碳，氯和碳会促使 Hg^{2+}和 Hg_p 的形成，使静电除尘器对 Hg_p 脱除效率为 45%～80%。对于冷端电除尘器而言，由于烟气经过省煤器，温度有所降低，在烟气冷却过程中，汞经历一系列物理和化学变化，部分凝结在飞灰颗粒表面，与热端除尘器相比，冷端电除尘器用于脱除颗粒态汞更为有效，除汞效率约为 30%。袋式除尘器要比静电除尘除汞率更高，平均脱汞效率为 80%～90%，而且能更有效地去除细小颗粒物。布袋除尘过程中气体与飞灰接触的时间要比在静电除尘里更长，因此它促进了汞在飞灰中的吸收。此外，袋式除尘器还提供了更好的接触环境，因此袋式除尘器能去除绝大部分的 Hg_p 和一部分 Hg^{2+}。

②脱硫设施对汞的脱除

烟气脱硫系统的温度相对较低，有利于 Hg^0 的氧化和 Hg^{2+}的吸收。特别是在湿法脱硫系统中，由于 Hg^{2+}易溶于水，容易与石灰石或石灰吸收剂反应，能去除约 90%的 Hg^{2+}。Hg^{2+}所占比例是影响脱硫设施对汞去除率的主要因素，因此提高烟气中 Hg^{2+}的比例，将直接影响脱硫设施对汞的去除效果。在湿法脱硫系统中，由于洗涤液中有少量的 Hg^{2+}会通过还原反应还原成 Hg^0，可造成汞的二次污染，而使用一些化学添加剂能够防止这种情况发生。

③脱硝设施对汞的脱除

选择性催化还原法脱硝工艺的核心是整体式块状催化剂。在一定条件下，选择性催化还原催化剂，可以促进 Hg^0 氧化生成 Hg^{2+}，改变汞的化学形态。因此，选择性催化还原装置本身虽然不能除汞，但能够增加湿法烟气脱硫上游 Hg^{2+} 的比例，进而提高了湿法烟气脱硫的脱汞效率，从而达到协同除汞的效果。选择性催化还原对 Hg^0 的氧化取决于煤的氯含量、催化剂种类、氨的浓度等因素。

（2）专门的除汞技术

专门的除汞技术目前主要是指活性炭喷射吸附脱汞技术。一种是传统活性炭喷射技术（图 5-2a），即通过将活性炭喷入空气预热器后的尾部烟道中，使活性炭在伴随流动过程中不断吸附烟气中的汞，将 Hg^0 转化为固定在吸附剂上的 Hg_p，然后利用静电除尘器或者袋式除尘器等除尘装置将其脱除。另一种是 TOXECON 除汞技术（图 5-2b），即将活性炭的喷射点改在静电除尘器/袋式除尘器之后，再安装 1 个袋式除尘器，脱除活性炭或将活性炭直接注入低温静电除尘器的下游。采用 TOXECON 除汞技术，飞灰与汞吸附剂分开被去除。目前，活性炭喷射技术已经成为一种商业成熟型的技术，而采用卤素改性的活性炭也已经开始商业化。无论采用何种吸附方式，活性炭喷射技术的除汞效果主要受到吸附剂的物理化学特性、吸附剂的喷射速率、烟气参数（如烟气温度、烟气卤素浓度和三氧化硫浓度）、烟气处理设备配置等因素的影响。适当增加活性炭的喷射量，或者使用经溴化或氯化的活性炭，可以达到 90%以上的脱汞效率。

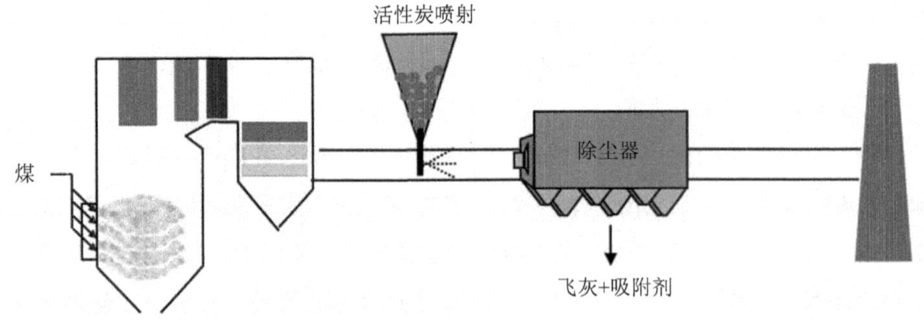

a. 传统活性炭喷射技术

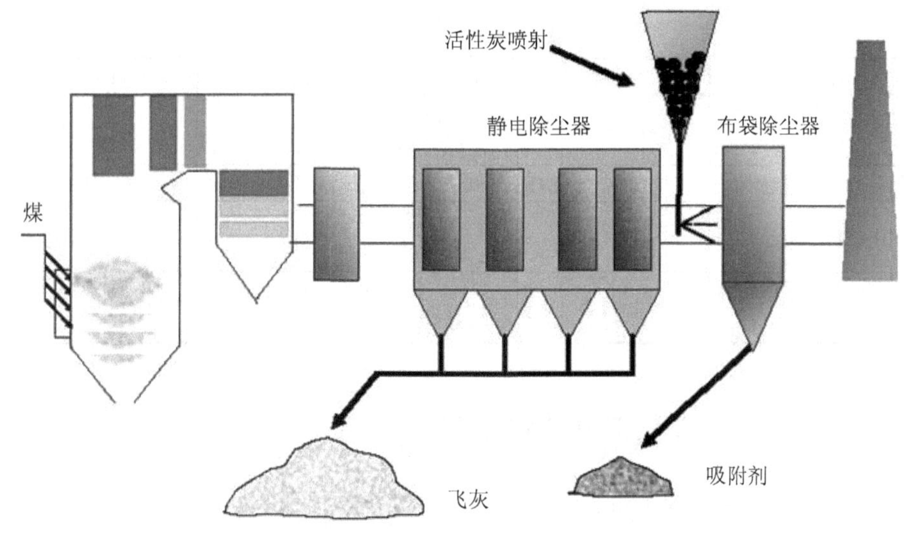

b. TOXECON 除汞技术

图 5-2　活性炭喷射吸附脱汞技术原理示意图

但是，活性炭喷射吸附脱汞技术的主要问题是治理成本高。该技术的安装投资成本较低，为 3.5～9.2 美元/kW。而其运行成本却较高，主要是由于吸附剂的消耗，额外的成本是因为飞灰受到活性炭污染所导致的副产品销售的损失。当不考虑副产品的污染和销售问题时，烟道喷入活性炭吸附剂脱汞的成本为 1.3 万～6.6 万美元/kg 汞；假设副产品的收入全部损失时，脱汞的成本为 4.0 万～11.0 万美元/kg 汞。如果为解决副产品收入损失的问题采取 TOXECON 或 TOXECON Ⅱ除汞技术时，则投资和运行成本将会大大地提高。

（3）多污染物控制技术

多污染物控制技术旨在使用一种污染物控制设备达到多种污染物的同时去除。目前，多污染物控制技术仍然处在实验室阶段，与商业应用还有一段距离。表 5-1 列举了适用于各种煤质的 Pahlman 工艺、电催化氧化技术、低温氧化技术、等离子体强化除汞技术 4 种主要的多污染物控制技术的除汞效果。

表 5-1　多污染物控制技术的脱汞效率

技术	脱汞效率	其他污染物去除能力	研究进展
Pahlman 工艺	＞67%	SO_2：＞99% NO_x：93%～97%	小试/中试
等离子体强化除汞	＞98%	SO_2：＞90%（协同湿法烟气脱硫）	小试/中试
电催化氧化	90%	SO_2：98% NO_x：90%	示范工程
低温氧化	＞90%	SO_2：95% NO_x：70%～95%	示范工程/商业化

5.1.4　燃煤电厂大气汞排放影响因素

综上所述，煤炭含汞量、燃烧方式和污染控制技术等是影响燃煤电厂大气汞排放的主要因素。

5.2　国内外燃煤电厂大气汞排放控制现状评估

充分掌握国际燃煤电厂大气汞排放控制需求、国外燃煤电厂大气汞排放控制经验、我国燃煤电厂大气汞排放控制水平，是科学建立我国燃煤电厂大气汞排放量核算方法的前提。

5.2.1　联合国环境规划署燃煤电厂大气汞排放控制动态

由于汞污染能够在全球范围内传播，联合国环境规划署（UNEP）已经将其正式纳入环境外交范畴，控制进程见图 5-3。2009 年 2 月召开的 UNEP 第 25 届理事会会议上，各国同意成立政府间谈判委员会（INC），制定一项具有法律约束力的汞问题文书，该决定标志着 UNEP 正式将汞问题纳入优先工作日程。2013 年 1 月召开的 INC 第 5 届会议上，就《关于汞的水俣公约》（以下简称《公约》）文书内容达成一致，在汞的生产、流通、使用、污染控制方面做出了具体安排。2013 年 10 月召开的外交全权代表大会上，通过了旨在全球范围内控制和减少汞排放的《公约》，共有 92 个国家和地区（欧盟）签署了公约。根据《公约》相关规定，《公约》将在第 50 个国家提交批准书之后第 90 天正式生效。

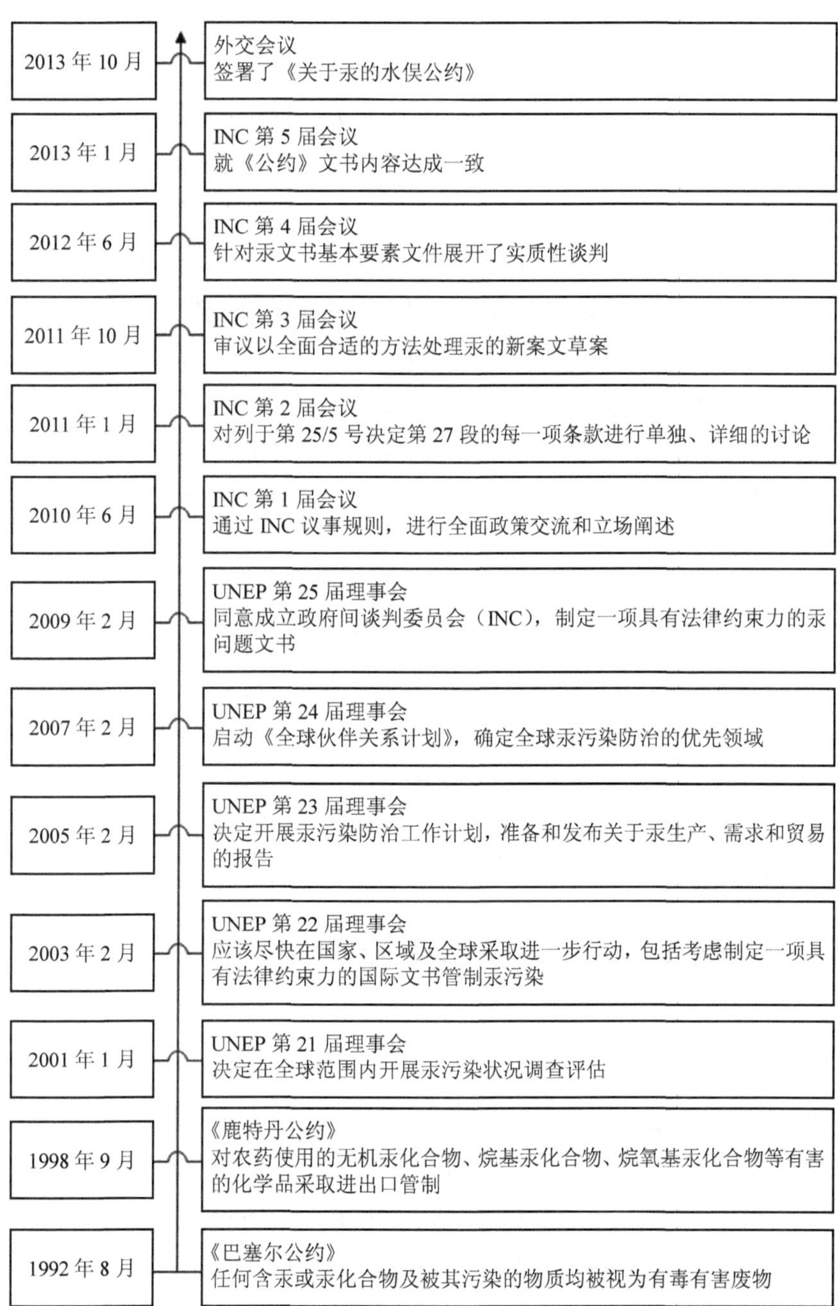

图 5-3 UNEP 汞污染控制进程

控制燃煤电厂大气汞排放正是《公约》要求必须解决的问题之一。《公约》明确规定：

第一，拥有相关来源的缔约方应当采取措施，控制汞的排放，并可制订一项国家计划，设定为控制排放而采取的各项措施及其预计指标、目标和成果。任何计划均应自本公约开始对所涉缔约方生效之日起 4 年内提交缔约方大会。

第二，对于新来源而言，每一缔约方均应要求在实际情况允许时尽快、但最迟应自本公约开始对其生效之日起 5 年内使用最佳可得技术和最佳环境实践，以控制并于可行时减少排放。缔约方可采用符合最佳可得技术的排放限值。

第三，对于现有来源而言，每一缔约方均应在实际情况允许时尽快、但不迟于自本公约开始对其生效之日起 10 年内，在其国家计划中列入并实施下列一种或多种措施，同时考虑其国家的具体国情，以及这些措施在经济和技术上的可行性及其可负担性：

一是控制并于可行时减少源自相关来源的排放量化目标；

二是采用控制并于可行时减少来自相关来源的排放限值；

三是采用最佳可得技术和最佳环境实践来控制源自相关来源的排放；

四是采用针对多种污染物的控制战略，从而取得控制汞排放的协同效益；

五是减少源自相关来源的排放替代性措施。

第四，每一缔约方均应在实际情况允许时尽快，且自本公约开始对之生效之日起 5 年内建立，并于嗣后保存一份关于相关来源的排放情况清单。

5.2.2 美国燃煤电厂大气汞排放控制现状

5.2.2.1 治理背景

1990 年，美国 2/3 以上的人为源大气汞排放量来自 3 个排放源：燃煤电厂、城市废物焚烧和医疗废物焚烧（图 5-4）。自 20 世纪 90 年代起，美国针对医疗废物焚烧和城市废物焚烧大气汞排放实施了严格控制。1990—2005 年，医疗废物焚烧和城市废物焚烧大气汞排放量分别降低了 98%和 96%以上，医疗废物焚烧和城市废物焚烧大气汞排放问题基本得到解决。但是，由于针对燃煤电厂大气汞排放控制的法规比较陈旧，1990—2005 年，燃煤电厂大气汞排放量仅削减了 10%。目前，燃煤电厂成为美国人为源大气汞排放的第一大户，排放贡献率高达 50%。

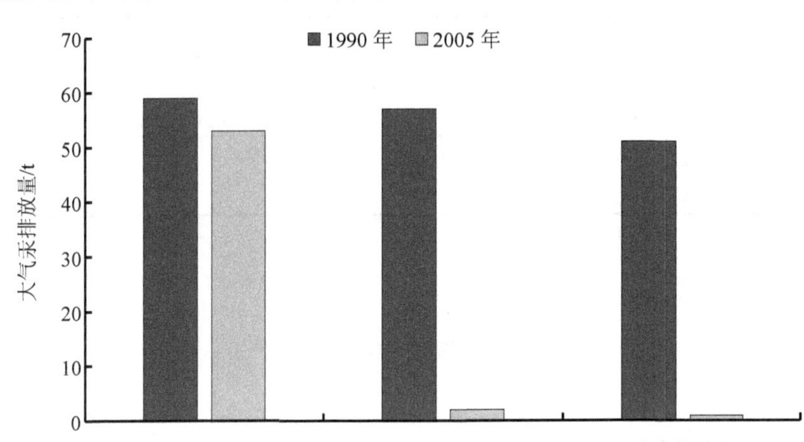

图 5-4　1990 年和 2005 年美国燃煤电厂、城市废物焚烧和医疗废物焚烧大气汞排放量

5.2.2.2　控制措施

1990 年出台的《清洁空气法》（CAA）要求 US EPA 通过发布国家标准控制多种排放源包括汞在内的有毒空气污染物排放。经过 20 多年的努力，2011 年 12 月 16 日，US EPA 在广泛征求公众意见后最终发布了《汞及其他有毒有害气体排放限制标准》（MATS），以减少燃煤和燃油发电厂的重金属（包括汞、砷、铬和镍）和酸性气体（包括盐酸和氢氟酸）的排放。这是美国第一个针对燃煤电厂大气汞排放控制的国家清洁空气行动标准。

MATS 适用于 25 MW 以上的现有与新建燃煤发电机组，所规定的大气汞排放限值见表 5-2，其监测要求为连续监测或按季度定期监测。为满足 MATS 控制要求，发电厂可以采用湿式和干式除尘器、干燥吸附剂喷射吸技术、活性炭喷射技术、袋式除尘器等应用广泛且经济可行的控制技术。现有燃煤发电机组应在 4 年内实现达标。美国约有 600 家发电厂的 1100 个现有燃煤机组将执行 MATS。图 5-5 给出了基于该标准而预测的 2015 年美国燃煤电厂安装大气污染控制设施的机组容量情况。

表 5-2 美国 MATS 中燃煤发电机组的大气汞排放绩效限值

类型	限值
现有	非低阶原煤：0.516 mg/GJ [5.90 mg/（MW·h）] 低阶原煤：4.73 mg/GJ [54.4 mg/（MW·h）]或 1.72 mg/GJ [18.1 mg/（MW·h）]*
新建	非低阶原煤：0.091 mg/（MW·h） 低阶原煤：18.1 mg/（MW·h）

注：* 适用于超出了最低限值被讨论的其他地方。

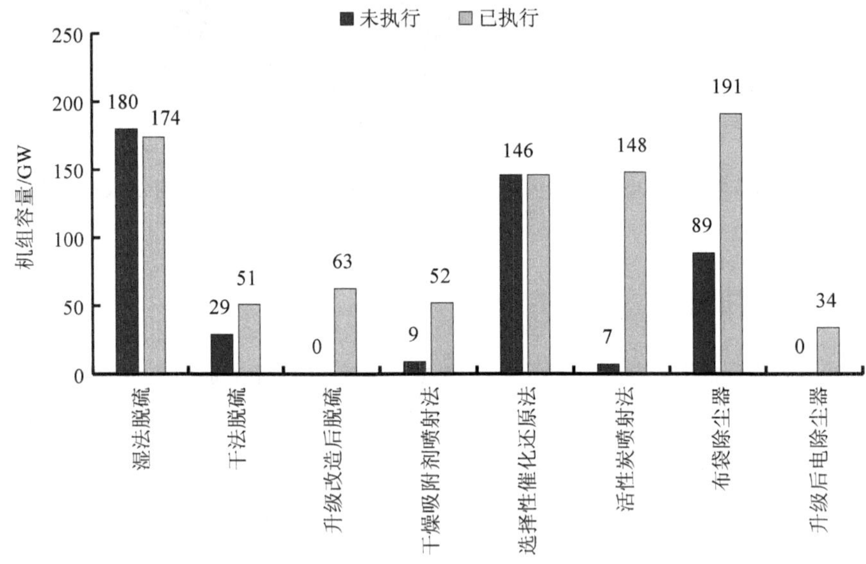

图 5-5 未执行与已执行 MATS 情况下 2015 年美国燃煤电厂安装大气污染控制设施机组容量对比

根据 US EPA 的预估，MATS 年实施成本为 96 亿美元，而其带来的空气质量改善每年对人类健康的价值达到 370 亿～900 亿美元，最终可削减 90%的燃煤发电厂大气汞排放量，并且为美国工人创造上万个就业机会。

5.2.3 我国燃煤电厂大气汞排放控制现状

5.2.3.1 治理进展

以《国务院办公厅转发环境保护部等部门关于加强重金属污染防治工作指导意见的通知》（国办发〔2009〕61 号）的印发为标志，我国正式从国家层面将燃煤电厂大气汞污染防治工作提上了议事日程。在亟须加强国内污染治理和履行国际汞公约的双重背景下，目前我国对燃煤电厂大气汞排放控制已采取了一系列相应的治理措施，主要体现在以下 3 个方面：

（1）列为国家规划重点任务

2011 年出台的《重金属污染综合防治“十二五”规划》对燃煤电厂含汞废气治理提出明确要求，即提高原煤入洗率和低硫低灰分原煤的比例；提高常规污染物控制设备的协同除汞效果；加强活性炭喷射等除汞技术的研发和示范应用；研究建立汞污染防治技术政策体系。

（2）出台国家排放标准

2011 年，我国在区域复合型大气污染问题日趋显现的环境形势下，发布了新修订的《火电厂大气污染物排放标准》（GB 13223—2011），其污染物控制项目新设置了汞及其化合物。该标准适用的燃煤发电锅炉范围：使用单台出力 65 t/h 以上除层燃炉、抛煤机炉外的燃煤发电锅炉和各种容量的煤粉发电锅炉。它对大气汞排放的控制要求：自 2015 年 1 月 1 日起，燃煤锅炉执行 0.03 mg/m^3 的汞及其化合物污染物排放限值。该限值是通过研究美国、欧盟和德国的火电厂排放标准，并立足于烟气脱硝+静电除尘/布袋除尘+湿法烟气脱硫的组合技术汞的协同减排效应而确定的。它与德国 2004 年修订的《大型燃烧装置法》（GFAVO）中的控制要求相同。

（3）开展治理试点工作

2010 年 9 月，原环境保护部组织召开了燃煤电厂大气汞污染控制试点工作座谈会，启动试点相关工作，要求开展燃煤电厂大气汞排放在线监测试点和多污染物协同控制示范、提出燃煤电厂大气汞污染控制技术政策和经济政策的建议等。2011 年 1 月，原环境保护部印发了《关于开展燃煤电厂大气汞污染控制试点工作的通知》（环办〔2011〕2 号）。目前，选取的 6 家电力集团、16 家试点电厂、32 台燃煤机组的在线汞监测设备已安装完毕并启动运行，而电厂所在省级环境监测站同步开展全口径汞测试及比对工作。

5.2.3.2 存在的主要问题及建议

针对燃煤电厂烟气中污染物的控制，我国长期以来集中于烟尘、SO_2 和 NO_x 等常规污染物，并未将汞列为污染控制项目，其排放一直未处于受控状态。这就导致我国燃煤电厂大气汞污染控制形势及压力与环境管理极其不适应。

（1）排放基数不清，导致污染控制管理工作缺乏科学依据

摸清排放基数、掌握时空分布特征，是科学制定我国燃煤电厂大气汞排放控制目标、控制技术路线、控制对策的重要基础和依据。但是，目前我国尚未将汞纳入燃煤电厂大气污染物排放相关的官方数据统计范畴，因而缺乏关于大气汞排放特征和排放量的权威发布数据，燃煤电厂大气汞排放清单尚未建立。而针对燃煤电厂大气汞排放，《关于汞的水俣公约》也明确要求各缔约方应尽快、但最迟在公约对其生效后的第 5 年建立并保持排放清单。因此，我国亟须开展全国性燃煤电厂大气汞排放与控制基本情况的摸底调查，尽早建立动态燃煤电厂大气汞排放清单。

（2）环境监管基础薄弱，阻碍了污染防治工作的有效落实

首先，法规、政策和标准尚不健全。主要表现：一是法律制度颁布滞后。2000 年 9 月 1 日起施行的《中华人民共和国大气污染防治法》重点控制的污染因子主要为 SO_2 和工业烟粉尘，而未对汞排放控制进行专门性和针对性的规定。二是排放控制标准不完善。现有的监测方法标准《固定污染源废气汞的测定冷原子吸收分光光度法（暂行）》（HJ 543—2009）存在缺陷，所测得的气态总汞会有部分损失，无法保证我国燃煤电厂大气汞排放量数据的可靠性、系统性和可比性；烟气脱汞工程技术规范等技术指导文件缺失，使得生态环境部门和企业缺少开展控制工作的技术依据。三是缺少排污交易等经济政策，尚未建立激励与约束并举的治理机制。因此，为了使我国燃煤电厂大气汞污染防治工作有章可循，保障减排和履约工作得到有效落实，应尽早建立和完善相关的法规、政策与标准。

其次，排放监测能力严重滞后。目前我国燃煤电厂大气汞排放监测能力十分薄弱，除试点电厂外，全国其他燃煤电厂尚未安装在线监测设备，且大气汞排放监测基本处于空白。因此，为了准确掌握我国燃煤电厂大气汞排放状况，迫切需要提高排放监测能力。

（3）污染防治可行技术不清晰，不利于实现最佳治理效果

我国燃煤电厂大气汞污染控制刚刚起步，基础工作薄弱，控制技术前期积累匮乏。目前，燃煤电厂大气汞排放控制技术尚缺乏包括技术、经济和可行性等因素在内的综合评估，不能对治理工作提供有效的技术支持和推荐最优控制技术。因此，为了促进减排和支持履约，我国应尽快制定和实施燃煤电厂大气汞污染防治最佳可得技术/最佳环境实践（BAT/BEP）导则。

5.3　我国燃煤电厂大气汞排放量核算方法研究

紧紧围绕《关于汞的水俣公约》需求，以加强国家大气汞环境统计与监管能力为目标，基于燃煤电厂大气汞排放特征，结合我国燃煤电厂大气汞排放控制现状，建立我国燃煤电厂大气汞排放量核算方法。

我国燃煤电厂大气汞排放量实行全口径核算。原则上采用物料衡算方法，基于煤炭消耗量、燃煤汞含量、控制措施脱汞效率等，分燃烧方式逐一核算燃煤电厂大气汞排放量；具备监测条件的，可直接采用监测数据法，但需要电厂所在省级环境监测部门对废气中总汞浓度和废气流量进行定期比对监测。

5.3.1　物料衡算法

根据燃煤电厂大气汞排放的影响因素，燃煤电厂大气汞排放量的核算内容包括 3 个方面（图 5-6）：一是煤炭燃烧产生的大气汞排放量；二是燃煤发电锅炉大气汞释放量；三是污控设备组合大气汞去除量。图 5-6 以煤粉炉为例给出汞在燃煤电厂的基本流向。

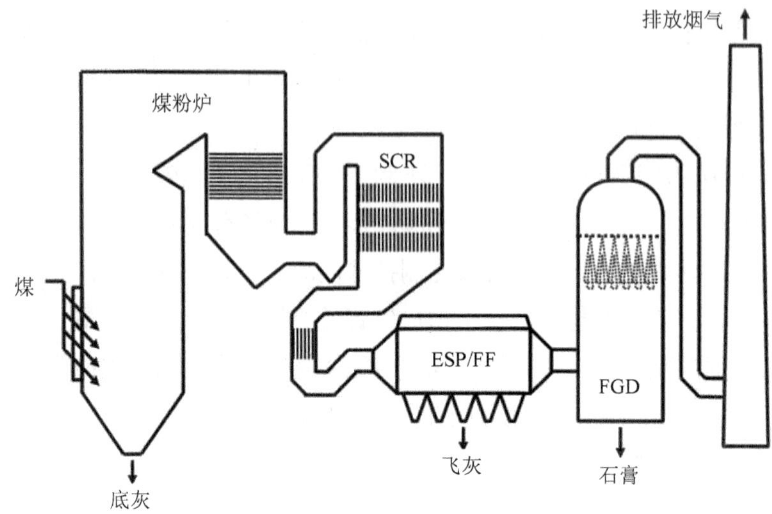

图 5-6 燃煤电厂中汞的流向示意图

5.3.1.1 计算公式

基于燃煤汞含量以及分燃烧方式的煤炭消耗量、洗煤比例、不同污控设备组合的安装比率与脱汞效率等，分燃煤发电锅炉类型逐一核算燃煤电厂大气汞排放量。计算公式如下：

$$E=\sum_{i=1}^{n}E_i$$

$$E_i=A_i\times M_i\times(1-P_i\times\omega)\times R_i\times(1-\sum_{j=1}^{m}C_{i,j}\times\eta_{i,j})\times10^{-2}$$

式中：E——核算期燃煤电厂大气汞排放量，t；

E_i——核算期燃煤电厂第 i 类燃煤发电锅炉大气汞排放量，t；

A_i——核算期燃煤电厂第 i 类燃煤发电锅炉煤炭消耗量，万 t；

M_i——核算期燃煤电厂第 i 类燃煤发电锅炉燃煤汞含量，mg/kg；

P_i——核算期燃煤电厂第 i 类燃煤发电锅炉耗煤中的洗煤比例，%；

ω——洗煤的脱汞效率，传统洗煤技术取 38.8%，化学物理洗煤技术取 64.5%；

R_i——燃煤电厂第 i 类燃煤发电锅炉的汞释放率，煤粉炉、循环流化床锅炉取 99%，层燃炉取 95%；

$C_{i,j}$——核算期燃煤电厂第 i 类燃煤发电锅炉第 j 种污控设备组合的安装比率，%；

$\eta_{i,j}$——第 j 种污控设备组合的脱汞效率，%；

n——核算期燃煤电厂燃煤发电锅炉类型数；

m——核算期燃煤电厂第 i 类燃煤发电锅炉污控设备组合种类数。

5.3.1.2　参数获取途径

由上述计算公式可知，核算煤炭燃烧产生的大气汞排放量所需的数据主要包括煤炭消耗量（A）、燃煤汞含量（M）、洗煤使用比例（P）、洗煤的脱汞效率（ω）；核算燃煤发电锅炉大气汞释放量所需的数据主要为锅炉汞释放率（R）；核算污控设备组合大气汞去除量所需的数据主要包括污控设备组合安装比率（C）、污控设备组合脱汞效率（η）。

其中，煤炭消耗量（A）、洗煤使用比例（P）、污控设备组合安装比率（C）等参数可以从企业日常生产统计中获取。燃煤汞含量（M）、洗煤脱汞效率（ω）、锅炉汞释放率（R）、污控设备组合脱汞效率（η）等参数可以通过监测数据法或文献分析法获取。监测数据法是指燃煤电厂自行开展测试，获取实际条件下的相关参数。监测数据法的优点是能够反映实际情况，获得的排放量数据准确度高；缺点是工作量大，需要的人力和成本较高。而当燃煤电厂不具备采用监测数据法确定这些参数的情况下，可以通过文献分析法来选取，即收集整理科技文献、数据库等资料，获取与自身生产水平相近的相关参数的测试结果。

5.3.1.3　经验参数

针对上述除来自企业日常生产统计外的参数，本书通过文献分析法，在第 5.1.1 节已对锅炉汞释放率（R）和洗煤脱汞效率（ω）加以总结，并将经验数据应用到计算公式中；下文将给出燃煤汞含量（M）和污控设备组合脱汞效率（η）的推荐数据。

（1）燃煤电厂煤炭汞含量

①原煤汞含量。根据清华大学等国内外研究，表 5-3 给出了我国及各省（区、市）原煤汞含量水平。从全国情况来看，我国原煤中汞的平均含量为 0.16～0.33 mg/kg，高于世界 0.1 mg/kg 的平均水平，与美国 0.17 mg/kg 的平均含量接近；分省（区、市）情况来看，重庆市、贵州等省份煤炭含汞量较高。另外，对于不同煤种而言，烟煤、亚烟煤、无烟煤的平均汞含量无显著差异，分别为 0.147 mg/kg、0.145 mg/kg、0.150 mg/kg，而褐煤的平均汞含量显著偏高，为 0.280 mg/kg。

需要说明的是，相对于我国数万个煤矿而言，鉴于各项研究中原煤的样品数量极为有限，我国及各省（区、市）原煤中的汞含量水平还存在一定的不确定性（表 5-3）。

表 5-3 我国及各省（区、市）原煤汞含量 单位：mg/kg

省（区、市）	清华大学（2012）[a]	Ren 等（2006）[b]	Streets 等（2005）[c]	美国地质勘探局（2004）[d]
北 京	—	0.10	0.44	0.55
天 津	—	—	—	—
河 北	0.172	0.16	0.14	0.14
山 西	—	0.17	0.16	0.15
内蒙古	0.18	0.17	0.22	0.16
辽 宁	0.104	0.14	0.17	0.19
吉 林	—	0.34	0.20	0.07
黑龙江	0.032	0.12	0.09	0.06
上 海	—	—	—	—
江 苏	0.178	0.18	0.16	0.35
浙 江	—	0.75	0.35	—
安 徽	0.204	0.46	0.26	0.19
福 建	—	—	0.08	0.07
江 西	—	0.13	0.22	0.27
山 东	0.163	0.18	0.18	0.13
河 南	0.135	0.14	0.25	0.21
湖 北	—	0.23	0.16	0.16

省（区、市）	清华大学（2012）[a]	Ren 等（2006）[b]	Streets 等（2005）[c]	美国地质勘探局（2004）[d]
湖　南	—	0.08	0.10	0.14
广　东	—	0.10	0.15	0.06
广　西	—	—	0.30	0.35
海　南	—	—	0.15	—
重　庆	0.411	0.64	—	0.15
四　川	0.335	0.35	0.14	0.09
贵　州	0.213	0.70	0.52	0.20
云　南	0.076	0.32	0.29	0.14
西　藏	—	—	—	—
陕　西	0.248	0.30	0.11	0.14
甘　肃	0.183	1.35	0.05	0.05
青　海	—	0.31	0.04	0.04
宁　夏	—	0.28	0.20	0.21
新　疆	0.023	0.09	0.02	0.03
全　国	0.17	0.33	0.19	0.16

注：a. 基于 177 个原煤样品；
b. 基于 619 个原煤样品；
c. 基于美国地质勘探局和其他相关研究的结果；
d. 基于 305 个原煤样品。

②电厂燃煤汞含量。我国煤炭存在跨省传输，原煤输出大省（区、市）包括山西、内蒙古、河南和陕西等，原煤输入大省包括河北、江苏、山东、浙江、广东等。而且，我国约有 1.5%的原煤从越南、印度尼西亚和澳大利亚等国家进口。所以，各省（区、市）电厂燃煤中的汞含量可能与其原煤中的汞含量并不一致。

根据清华大学的研究，表 5-4 给出了 2008 年全国及各省（区、市）电厂燃煤汞含量水平。可见，我国电厂燃煤汞含量的平均值为 0.17 mg/kg，新疆最低，仅 0.04 mg/kg，重庆最高，达 0.25 mg/kg。另外，从分煤种情况来看，电厂燃煤用的烟煤、亚烟煤、无烟煤、褐煤的平均汞含量分别为 0.045 mg/kg、0.132 mg/kg、0.196 mg/kg、0.221 mg/kg。

表 5-4 2008 年全国及各省（区、市）电厂燃煤汞含量 单位：mg/kg

省（区、市）	汞含量	省（区、市）	汞含量	省（区、市）	汞含量	省（区、市）	汞含量
北京	0.16	上海	0.19	湖北	0.18	云南	—
天津	0.20	江苏	0.20	湖南	0.15	西藏	0.16
河北	0.17	浙江	—	广东	0.17	陕西	0.20
山西	0.15	安徽	0.19	广西	0.22	甘肃	0.08
内蒙古	0.21	福建	0.13	海南	0.15	青海	0.06
辽宁	0.15	江西	0.23	重庆	0.25	宁夏	0.20
吉林	0.11	山东	0.15	四川	0.17	新疆	0.04
黑龙江	0.08	河南	0.19	贵州	0.21	全国	0.17

（2）污控设备组合脱汞效率

清华大学通过对我国典型燃煤电厂的大气汞排放进行测试，并结合文献分析，给出了燃煤电厂 15 种污控设施组合的平均脱汞效率，如表 5-5 所示。其中，煤粉炉+冷侧静电除尘器、煤粉炉+冷侧静电除尘器+湿法烟气脱硫、煤粉炉+袋式除尘器这 3 种污控设施组合 29%、63%、66%的平均脱汞效率，现已有充足的数据可以支持确定。需要说明的是，污控设备组合脱汞效率在煤种之间的差异并不显著。

表 5-5 燃煤电厂不同污控设施的脱汞效率

序号	污控设施组合	烟煤	无烟煤	褐煤	亚烟煤
1	煤粉炉+冷侧静电除尘器	29%	22%	38%	27%
2	煤粉炉+冷侧静电除尘器+湿法烟气脱硫	63%	81%	65%	50%
3	煤粉炉+冷侧静电除尘器+循环流化床烟气脱硫+袋式除尘器	68%	—	—	—
4	煤粉炉+选择性催化还原脱硝+冷侧静电除尘器+湿法烟气脱硫	67%	—	—	—
5	煤粉炉+选择性催化还原脱硝+冷侧静电除尘器+海水脱硫	74%	—	—	—
6	煤粉炉+选择性非催化还原脱硝+冷侧静电除尘器	83%	—	—	—

序号	污控设施组合	烟煤	无烟煤	褐煤	亚烟煤
7	煤粉炉+新型整体干法脱硫+冷侧静电除尘器	—	90%	—	—
8	煤粉炉+袋式除尘器	66%	—	—	73%
9	煤粉炉+袋式除尘器+湿法烟气脱硫	90%	79%	—	—
10	煤粉炉+喷雾干燥吸收脱硫+袋式除尘器	99%	—	66%	13%
11	煤粉炉+选择性催化还原脱硝+喷雾干燥吸收脱硫+袋式除尘器	98%	—	—	—
12	煤粉炉+喷雾干燥吸收脱硫+冷侧静电除尘器	—	—	—	70%
13	循环流化床锅炉+冷侧静电除尘器	99%	—	66%	—
14	循环流化床锅炉+袋式除尘器	100%	—	59%	—
15	循环流化床锅炉+选择性非催化还原脱硝+袋式除尘器	89%	—	—	79%

5.3.2　监测数据法

燃煤电厂大气汞排放量监测方法可以归纳为离线测试与在线测试两大类，离线监测方法又主要分为湿化学法和固体吸附法。美国材料与试验协会（ASTM）标准方法 D6784（OH 法）以及 US EPA 标准方法 29、30A、30B 是 4 种最常用的燃煤电厂大气汞排放量监测方法。其中，OH 法最为准确，还可给出分形态汞的结果，可用于校验其他监测方法；US EPA 方法 29 与 OH 法同属湿化学法，也较为准确，但只能测定总汞浓度，该法也能测定烟气中其他重金属元素的浓度；US EPA 方法 30B 属固体吸附法，较为方便快捷，但该法也只能测定总汞浓度，且价格相对昂贵；US EPA 方法 30A 与前 3 种离线测试方法相比，能提供连续及时的在线结果，无须日常操作，但该法只能用于末端烟气的单点监测，价格相对昂贵，长期使用维护工作繁重。表 5-6 所示为上述 4 种监测方法的对比情况。

表 5-6　燃煤电厂大气汞排放量常用监测方法对比

方法名称	方法类别	方法描述	方法优、缺点	仪器公司
OH 方法	离线	湿化学法，采集分析分形态汞	优点：多点同步监测、可分形态、可用于校验 缺点：操作复杂、需高纯度试剂	Apex

方法名称	方法类别	方法描述	方法优、缺点	仪器公司
US EPA 方法 29	离线	湿化学法，采集分析总汞	优点：多点同步监测、可用于校验 缺点：无法分形态、操作复杂	Apex
US EPA 方法 30B	离线	活性炭吸附法，采集分析总汞	优点：多点同步监测、操作简单、快速出结果 缺点：价格昂贵、分形态分析尚不完善	Apex
US EPA 方法 30A	在线	在线监测，分形态汞	优点：连续在线、无须日常操作 缺点：单点监测、价格昂贵、维护困难	Thermo、Tekran

下面将对燃煤电厂大气汞排放量的监测方法湿化学法、固体吸附法、在线监测数据法中最具代表性的 OH 法、US EPA 方法 30B、US EPA 方法 30A 进行简单介绍。

5.3.2.1 OH 法

OH 法是燃煤电厂大气汞排放监测最常用的方法，适用于测定燃煤电厂排放的 Hg^0、Hg^{2+}、Hg_p 和总汞的含量，测量范围为 0.5～100 μg/m^3。它被 US EPA 和美国能源部（US DOE）等机构推荐为美国的标准方法，也是国内清华大学等高等院校和研究院所常采用的研究方法。

OH 法采样系统如图 5-7 所示。样品通过 1 个采样管/过滤器系统，从烟气流中被等速采集，此过程中，烟气温度控制在 120℃左右，紧随其后的是 1 组处于冰浴中的撞击瓶。Hg_p 被采样序列的前半部分采集，气态汞被采样序列的后半部分采集，其中，Hg^{2+}被前 3 个撞击瓶采集（装有 KCl 溶液），Hg^0 被后 4 个撞击瓶采集（1 个装有 H_2O_2/HNO_3，3 个装有 $KMnO_4$/H_2SO_4）。采集的样品经过回收、消解，然后利用冷蒸气原子吸收分光光度法（AAS）或原子荧光分光光度法（AFS）进行分析测定。

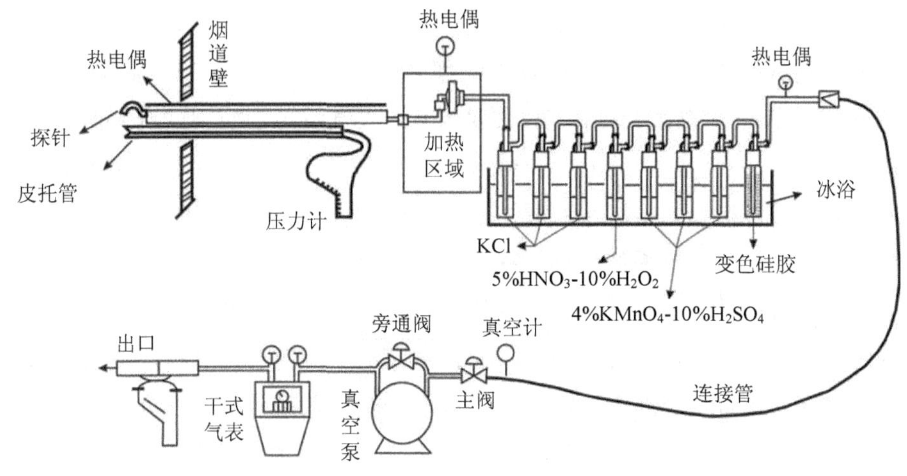

图 5-7 OH 法采样系统示意图

5.3.2.2 US EPA 方法 30B

US EPA 方法 30B 是以强化活性炭吸附剂为基础，测定燃煤电厂烟气中气态总汞的方法。测定范围为 0.1～50 μg/m^3，适用于安装污控设施之后颗粒物浓度相对较低的测试点位。采样系统主要包括活性炭吸附管采样系统、吸附管加标系统、样品分析设备和含湿量测定设备。其中，活性炭吸附剂管由两部分构成，每部分都填充了化学处理过的吸附剂，第一部分用填充有汞吸附剂管来捕集烟气中的汞，第二部分作为辅助部分捕集由第一部分穿越来的汞，第一部分的捕集率需要达到 95%以上。US EPA 方法 30B 的测试过程：从烟囱或烟道中以一定速度采取的烟气通过一对用填充化学处理过的活性炭吸附剂管，采样后活性炭采用化学消解法或直接燃烧法对其进行分析。它最主要的优点就是不需要烦琐的化学处理步骤，简单易操作。

5.3.2.3 US EPA 方法 30A

US EPA 方法 30A 是指汞的连续在线监测方法，即汞的连续自动监测系统（CEMS）。汞的 CEMS 由烟气取样系统、烟气加热与传输系统、汞形态转化系统和汞检测与标定系统 4 部分组成。烟气分成两路，分别测得 Hg^0 和总汞含量，烟

气中 Hg^{2+}的含量为总汞与 Hg^0 的差值。

在汞的 CEMS 中，目前市场占有率较高的是 Thermo Fisher 公司的产品 Mercury Freedom™系统。该系统也被我国开展大气汞污染控制试点工作的大部分燃煤电厂所安装使用。Mercury Freedom™系统包含 5 个主要单元（图 5-8）：样气抽取单元（采样探头）、样气处理单元、样气传输单元（脐状加热采样管线）、汞分析仪和汞分析仪校准系统。采样探头首先利用惯性分离过滤器将烟气中的颗粒物去除，再对样品气进行稀释，然后样品气进入样气处理单元，分成两路，一路样气中的 Hg^{2+}利用热转化炉转化为 Hg^0，从而测量烟气总汞浓度，一路样品中的 Hg^{2+}被去除，从而测量烟气 Hg^0 浓度。样气传输进入汞分析仪，分析仪采用连续 CVAFS 技术。汞分析仪校准系统通过蒸气压力和质量流量计调整元素汞的浓度，再通过稀释制成校准气，对系统进行校准。

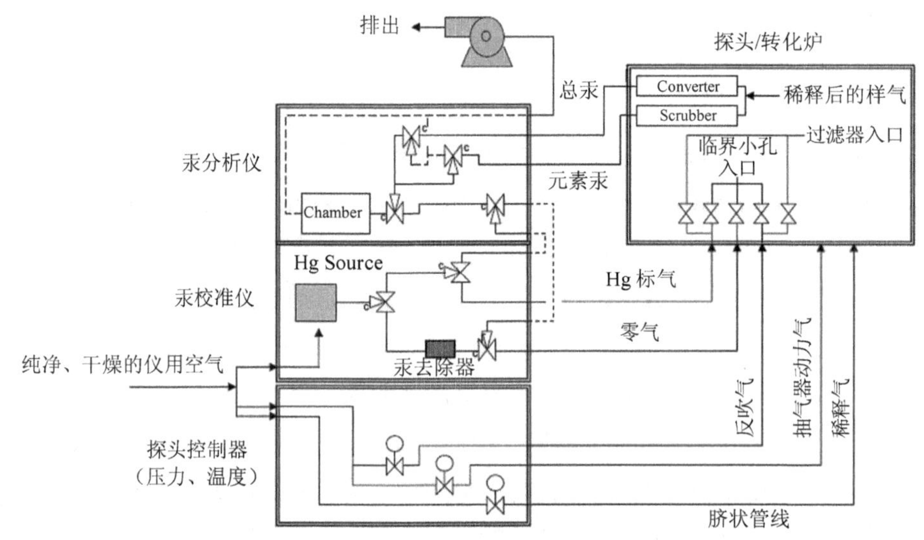

图 5-8 Mercury Freedom™系统原理示意图

需要指出的是，目前除试点电厂外，全国其他燃煤电厂大气汞排放监测基本处于空白状态，且试点电厂安装使用的在线监测系统均为进口设备，要在全国范围推广尚存在较大难度。因此，为了保证我国燃煤电厂大气汞排放量数据的可靠性、系统性和可比性，在我国监测技术体系还不完善的前提下，燃煤电厂可根据自身实际情况，选择 OH 法、US EPA 方法 30B、US EPA 方法 30A 等国际标准方法监测大气汞排放情况。同时，我国应在现有标准基础上，借鉴美国经验，研究并尽早制（修）订出适合我国经济、技术发展水平的燃煤电厂大气汞排放量监测技术体系。

5.4　实证研究——2013 年全国燃煤电厂大气汞排放量

5.4.1　我国 2013 年燃煤电厂发展状况

5.4.1.1　电力生产与供应状况

（1）装机规模

根据中国电力企业联合会的统计数据，截至 2013 年年底，我国火电装机容量为 87 009 万 kW，占全国全口径发电装机容量的 69.18%。其中，燃煤发电装机容量为 79 578 万 kW，占火电装机容量的 91.5%。根据 2013 年全国行业统计调查范围内火电机组容量等级结构情况，60 万 kW 及以上火电机组容量占统计调查范围内 6 000 kW 及以上火电厂装机容量的 41.13%，比 2005 年提高 29.45%。这表明，我国自“十一五”以来大容量、高参数的火电机组得到迅速发展。

从各省份情况来看（图 5-9），2013 年，全国有 6 个省份火电装机容量超过 5 000 万 kW，这些省份均是用电大省或能源资源富集省份。其中，江苏、山东超过 7 000 万 kW，广东、内蒙古超过 6 000 万 kW，河南、山西超过 5 000 万 kW。

（2）发电量

根据中国电力企业联合会的统计数据，截至 2013 年年底，全国全口径火电发电量为 42 216 亿 kW·h，占全国全口径发电量的 78.58%。其中，燃煤发电量为 39 805 亿 kW·h，占火电发电量的 94.3%。

从各省份情况来看（图 5-10），2013 年，火电发电量主要集中在江苏、山东、内蒙古、广东、河南、山西、浙江、河北等省份，发电量均超过 2 000 亿 kW·h。

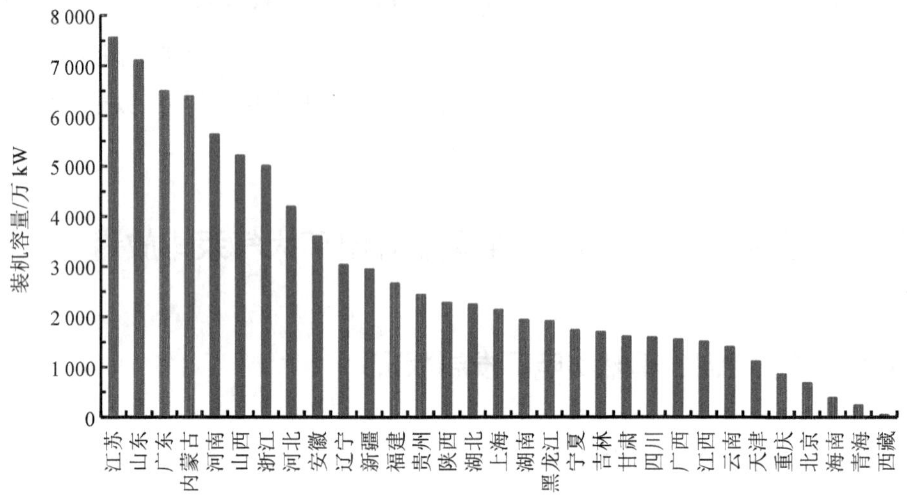

图 5-9 2013 年各省份火电装机容量情况

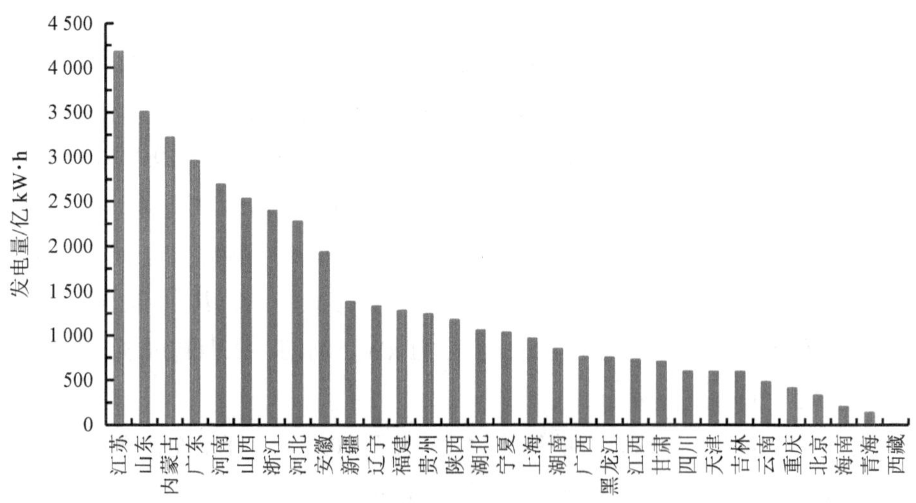

图 5-10 2013 年各省份火力发电情况

（3）发电燃煤

根据中国电力企业联合会的统计数据，截至 2013 年年底，全国 6 000 kW 及以上电厂发电消耗原煤量达 185 782 万 t，分别占全国煤炭消费量、煤炭产量的

51.24%、55.69%；6 000 kW 及以上电厂供电标准煤耗为 320.97 g/（kW·h），低于美国［356 g/（kW·h）］与澳大利亚［360 g/（kW·h）］，达到世界先进水平。

从各省分情况来看（图 5-11），2013 年，全国有 6 个省份 6 000 kW 及以上电厂发电消耗原煤量超过 10 000 万 t，按消耗量大小顺序依次为内蒙古、江苏、山东、山西、河南、广东。

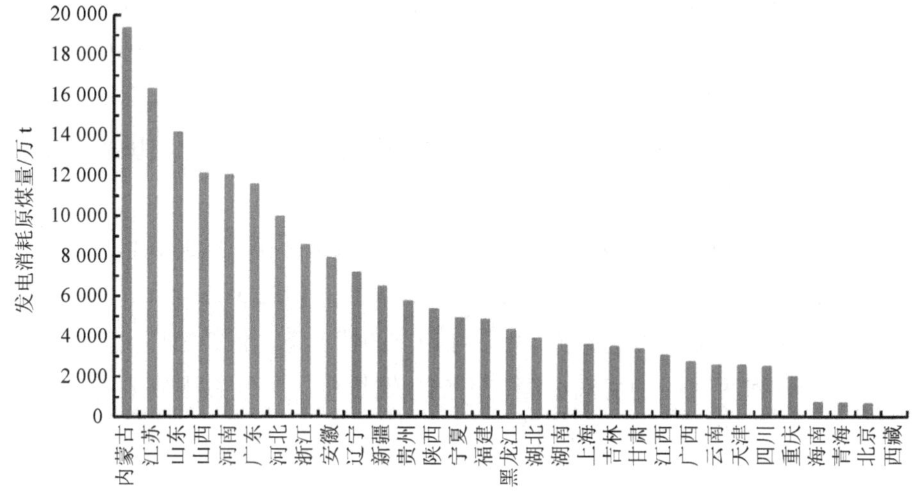

图 5-11　2013 年各省份 6 000 kW 及以上电厂发电消耗原煤量情况

5.4.1.2　大气污染物治理状况

（1）烟尘治理

根据中国电力企业联合会的统计数据，2013 年，全国火电烟尘排放量约为 142 万 t，排放绩效为 0.34 g/（kW·h）。

截至 2013 年年底，燃煤电厂电除尘器、袋式除尘器、电袋复合式除尘器占全国燃煤机组容量的比重分别为 79.9%、8.8%、11.3%。

（2）SO_2 治理

根据中国电力企业联合会的统计数据，2013 年，全国火电 SO_2 排放量为 780 万 t，与 1999 年的排放水平相当，约占全国 SO_2 排放量的 38.2%；全国火电 SO_2 排放绩效为 1.85 g/（kW·h），优于美国 2012 年的水平［2.45 g/（kW·h）］。

截至 2013 年年底，全国已投运火电厂烟气脱硫机组容量约 7.2 亿 kW，占全国现役燃煤机组容量的 91.6%，比 2011 年的美国高 30.2%。从脱硫机组技术采用方式来看，石灰石—石膏湿法仍是主要的脱硫方法，占 92.3%，而其余脱硫方法中，海水法占 2.8%，烟气循环流化床法占 2.0%，氨法占 1.9%，其他占 1.0%。

（3）NO_x 治理

根据中国电力企业联合会的统计数据，2013 年，全国火电 NO_x 排放量约 834 万 t，占全国 NO_x 排放量的 37.4%；全国火电 NO_x 排放绩效为 1.98 g/（kW·h）。

截至 2013 年年底，全国已投运火电烟气脱硝机组容量约 4.3 亿 kW，占全国现役火电机组容量的 49.4%。其中，煤电脱硝比例达到 54%，比美国的高 4%。

（4）大气汞治理

清华大学在全国随机抽取 187 台燃煤机组，根据所在省（区、市）燃煤信息和污控设施安装情况估算了最终的大气汞排放浓度，如图 5-12 所示。可见，在我国尚未对燃煤电厂大气汞排放进行专门性控制的情况下，依托燃煤电厂除尘、脱硫、脱硝工作对大气汞的协同去除，大部分燃煤电厂大气汞排放浓度可控制在 30 μg/m³ 以下，即能够实现达标排放。

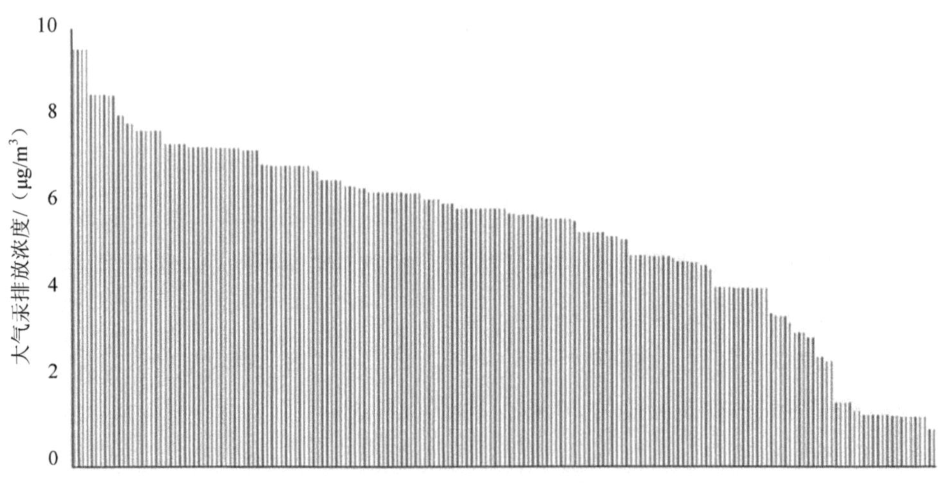

图 5-12 我国燃煤电厂大气汞排放浓度估算情况

5.4.2　2013 年全国燃煤电厂大气汞排放量核算

基于燃煤电厂发展状况，假设煤炭洗选采取传统洗煤技术，燃煤发电锅炉类型均为煤粉炉，选择性催化还原脱硝+冷侧静电除尘器+湿法烟气脱硫的安装比率为 54.0%、冷侧静电除尘器+湿法烟气脱硫的安装比率为 30.5%、冷侧静电除尘器的安装比率为 6.7%、袋式除尘器的安装比率为 8.8%，对 2013 年全国燃煤电厂大气汞排放量进行核算。

2013 年燃煤电厂大气汞排放量=2013 年燃煤电厂发电消耗原煤量×燃煤电厂燃煤汞含量 ×（1–燃煤电厂耗煤的洗煤比例×传统洗煤技术的脱汞效率）×煤粉炉的汞释放率 ×（1–选择性催化还原脱硝+冷侧静电除尘器+湿法烟气脱硫的安装比率×相应脱汞效率–冷侧静电除尘器+湿法烟气脱硫的安装比率×相应脱汞效率–冷侧静电除尘器的安装比率×相应脱汞效率–袋式除尘器的安装比率×相应脱汞效率）× 10^{-2}=185782×0.17×（1–2.1%×38.8%）×99%×（1–54.0%×67%–30.5%×63%–6.7%×29%–8.8%×66%）× 10^{-2}=114.29（t）

5.4.3　排放量核算结果与其他相关研究结果的比较

在我国，鉴于汞长期以来一直未被列为燃煤电厂的常规污染控制项目，大气汞排放量也未纳入燃煤电厂大气污染物排放相关的官方数据统计范畴，所以目前尚无燃煤电厂大气汞排放量的权威发布数据，而已发布的相关数据均为学术界的估算结果。其中，清华大学基于煤炭含汞量、电煤消耗量和大气污染控制设施脱汞效率，采用基于概率分布的汞排放因子模型方法，估算了我国燃煤电厂大气汞排放情况。结果表明，目前我国燃煤电厂每年大气汞排放量处在 100 t 左右，如图 5-13 所示。而本书所建立的燃煤电厂大气汞排放量物料衡算方法其计算原理与结论，基本上与清华大学的研究结果是一致的。

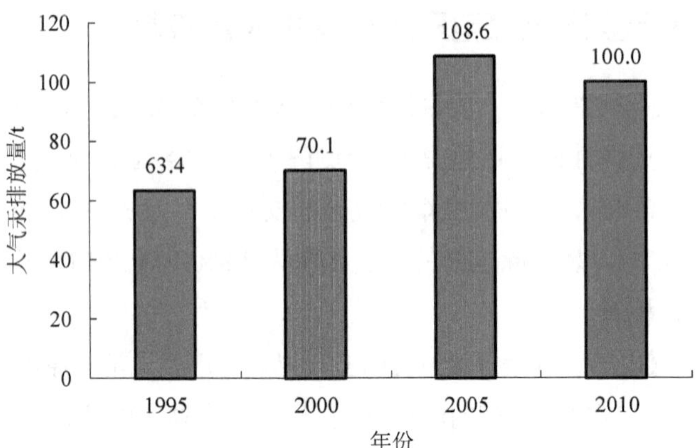

图 5-13　1995—2010 年我国燃煤电厂大气汞排放情况

第 6 章　电镀行业重金属污染物排放新增量核查核算关键技术探索

电镀行业是我国重要的加工行业之一，年产值超过千亿元，以中小企业为主，工艺落后，清洁生产水平较低，重金属污染物排放量巨大且核算困难，现有核查核算技术方法基本空白，因此非常有必要开展电镀行业重金属污染物排放量核查核算技术的研究工作。

本书分析了电镀行业排放的重金属污染物排放特征，梳理了电镀行业重金属污染物排放现状及核查核算技术方法，在此基础上研究建立了我国电镀行业重金属污染物排放量核查核算技术方法体系，并以深圳市为例开展了电镀行业重金属污染物排放量核查核算的实证研究，选择 3 家典型电镀企业开展了监测数据法、产排污系数法和物料衡算法的应用比较，最后选择两家典型电镀企业进行了核查核算体系的实例验证。

6.1　电镀行业重金属污染特征

20 世纪 80 年代以来，全国各地尤其是沿海的珠三角地区、长三角地区投资兴建了不少的电镀企业和线路板企业，据粗略估计，我国规模以上的电镀厂点约有 1.5 万个，职工总人数超过 150 万人，年产量约 13 亿 m^2，年产值超过 1 000 亿元（包括基本材料价值）。电镀行业每年排放大量的污染物，包括 4 亿 t 含重金属废水、5 万 t 固体废物和 3 000 万 m^3 废气，如表 6-1 所示。

表 6-1 电镀行业排出污染物统计

污染物	年排放量	有害物质
废水	4 亿 m^3	含重金属铜、镍、铬、锌、镉、铁、铅离子等
废气	3 000 万 m^3	酸、碱性废气、氮氧化物废气、铬酸雾、含氰废气等
危险固体废物	5 万 t	含重金属铜、镍、铬、锌、镉、铁、铅等

电镀行业的重金属污染物的排放在时间上具有无序性的特征。由于多数电镀企业属于中小型企业，且镀种不唯一，每天生产线上的镀种和工艺往往并不固定，按需变化，这就意味着其废水中重金属污染物的种类和浓度随时间的变化无任何规律可循，极大地增加了核查核算难度。电镀行业的重金属污染物在空间上具有区域集中性的显著特征，这主要是由电镀企业分布的集中性决定的，这一点可以在一定程度上减少核查核算的工作难度。

6.2 电镀行业重金属污染现状及其核查核算方法研究进展

电镀行业属于工业污染源，根据其自身的特殊性以及重金属的排放特征，其重金属污染物排放总量核算应按照《工业源及集中式污染治理设施普查技术规定》执行，主要采用产排污系数法、物料衡算法及监测数据法。我国现行的可用于电镀行业污染物排放核算的产排污系数见《产排污系数手册》第九分册，行业类别为“3460”，对应的“金属表面处理和热处理加工”产排污系数表，但该表中只涉及六价铬一个重金属指标，应用范围非常有限。

总的来讲，目前我国电镀行业重金属总量排放的核算技术基本空白，亟须规范的核算方法并建立完善的核查核算体系。电镀企业可以按镀种类型、生产规模、生产线、生产工艺、清洁生产水平及治理水平等多个角度进行分类。根据电镀企业的镀种分布情况，本书选择占比较大的镍、锌、铬、铜 4 种镀种作为典型研究对象。

6.3　电镀行业重金属污染物排放量核查核算技术体系

电镀行业重金属污染物排放具有其自身的显著特点，结合这一特点设计电镀行业的重金属污染物排放总量核查核算思路和技术路线，明确核查程序和核算要点，具体如下。

6.3.1　总体思路及技术路线

电镀行业重金属污染物排放具有成分复杂、重金属污染物种类和浓度波动较大、时间无序和分布相对集中等显著特点，结合这一特点，根据《规划》的要求，设计电镀行业重金属核查核算的总体思路如下。

（1）确定核算的区域范围。对核算区域内所有电镀企业的相关信息和关键数据进行收集、整理和分析，对数据存在不确定性的企业做出标记，提出疑问。

（2）明确区域重金属污染物排放基数范围和本底情况。在核算重金属污染物排放量时要确定区域重金属基础排放状况，也就是要明确重金属污染物排放基数。排放现状基数是排放量核算的基础，在此基础上核算重金属污染物排放量变化情况。

（3）明确核算重金属种类和范围。电镀行业重金属污染物主要有铜、铬、镍和锌等，不同区域排放的重金属不同，排放的重金属污染物种类也不同，每个区域的重金属元素是多种重金属中的一部分或全部，因此需要根据区域主要重金属污染物种类分别核算，但是每种重金属污染物核算的思路和方法是一致的。

（4）核算重金属污染物排放量变化情况。对电镀企业的核算，一是要考虑污染源重金属污染物排放基础状况；二是需分析影响重金属污染物排放的全过程，包括产生、削减和排放 3 个方面，确定新增量和削减量；三是要研究确定适用于所核算企业的排放量核算方法。其中选择针对具体企业的最适核算方法是决定核算结果准确与否的关键因素。

电镀行业重金属污染物核算技术路线如图 6-1 所示。

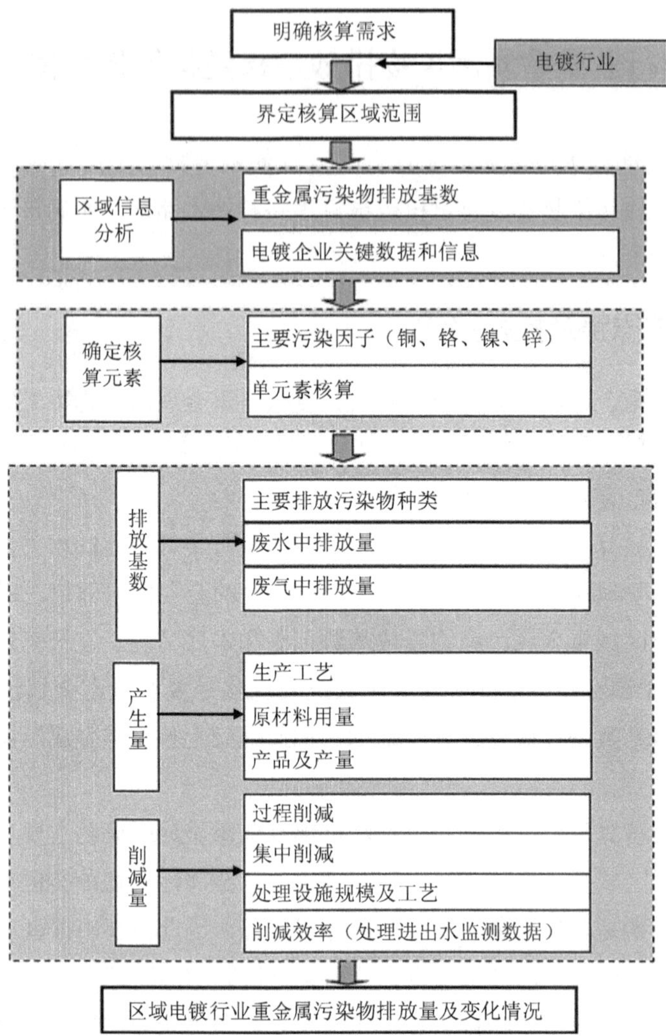

图 6-1 电镀行业重金属污染物核算技术路线

6.3.2 核算原则

电镀行业重金属污染物排放量核算主要遵循以下原则：

（1）电镀行业重金属污染物排放量核算主要以 2007 年第一次全国污染源普查所获取的电镀行业重金属污染物排放量作为核算基数，如有特殊情况需慎重核实。

（2）核算所采用数据以实际监测数据为准，生态环境部门以及电镀企业提供的数据作为参考，保证计算数据的可靠性；验证和校核的数据应到现场进行核查，充分利用各类佐证材料加强数据的准确性与真实性。

（3）新增量的划定，要对比第一次全国污染源普查的核算基数，根据主要产品产量的变化情况宏观测算校核相应的企业新增量，并采用产排污系数法、物料衡算法或监测数据法准确核算新增量。

（4）削减量的划定，要详细考证。引起重金属污染物排放量削减的主要是污染治理工程项目，因此考核时对这一类项目要进行严格的资料审核和现场复核方能认定。

（5）对通过核查核算获得的电镀行业重金属污染物排放总量及新增量和削减量要进一步应用环境统计数据或监测数据进行复核，确认不同数据之间的有效衔接和核查核算的准确性。

6.3.3　核算关键因子分析

对电镀行业重金属新增量、削减量和排放量进行核算的关键因子是掌握不同镀种电镀的工艺流程及其涉及重金属的关键环节，特别是涉及重金属的原材料。以下针对几种主要镀种进行分析。

（1）目前镀铜工艺主要有酸性镀铜、焦磷酸镀铜、氰化物镀铜和化学镀铜。

酸性镀铜的镀液是硫酸铜，阳极是铜板；焦磷酸镀铜的镀液是焦磷酸铜，阳极是铜板；氰化物镀铜的镀液是氰化亚铜，阳极是铜板；化学镀铜的镀液是硫酸铜，阳极是铜板。

（2）镀铬工艺主要有三价铬镀铬和六价铬镀铬。三价铬镀铬的镀液是硫酸铬（或氯化铬），阳极是铅板；六价铬镀铬的镀液是铬酐，阳极是铅板。

（3）镀镍工艺主要有瓦特镀镍，氨基磺酸镍镀镍和化学镀镍。瓦特镀镍的镀液是硫酸镍（或氯化镍），阳极是镍板；氨基磺酸镍镀镍的镀液是氨基磺酸镍，阳极是镍板；化学镀镍的镀液是硫酸镍（或氯化镍），阳极是镍板。

（4）镀锌工艺主要有酸性镀锌，碱性镀锌和氰化物镀锌。酸性镀锌的镀液是硫酸锌（或氯化锌），阳极是锌板；碱性镀锌的镀液是氧化锌和氢氧化钾，阳极是锌板；氰化物镀锌的镀液是氧化锌、氰化钠和氢氧化钠，阳极是锌板。

6.3.4 新增量和削减量的划定范围

电镀行业新增量的划定范围包括：

（1）新建电镀企业（或生产线）：新建第二个月作为核算起始时间。

（2）改（扩）建电镀企业（或生产线）：新增量按照改（扩）建前后电镀企业（或生产线）改（扩）建部分所属生产工艺、规模、产品、污染处理设施工艺选取对应的重金属产排污系数和原料测算重金属污染物排放量，考核年度排放量减去上年同期排放量得到新增量。

（3）产能利用率（设备利用率）变化企业（或生产线）：新增量可根据产品变化量和该企业在污染源普查或环境统计中排放强度测算新增量。不在污染源普查或环境统计中的企业，新增量按照企业（或生产线）所属生产工艺、规模、产品、污染处理设施工艺选取对应的重金属产排污系数和考核原料测算新增量。

（4）由于原材料发生改变导致重金属污染物排放量变化较大企业（或生产线）：按照原材料变化前后对应的重金属产排污系数测算重点重金属污染物排放量，考核年度排放量减去上年同期排放量得到新增量。原材料发生改变的企业应提供原材料变化前后原材料进货、检验证明和物料主成分分析材料。

削减量的划定范围主要是污染源淘汰退出项目；污染源清洁生产技术改造项目；污染源治污设施改造项目；污染源治污设施新建、扩建项目。

6.3.5 核查核算技术方法的选择

目前，用于电镀行业重金属核查核算的技术方法主要有产排污系数法、监测数据法和物料衡算法。

产排污系数法是通过重金属“四同”组合的划分确定某种四同组合下某种重金属污染物的产污系数和排污系数，然后根据式（6-1）和式（6-2）计算出该重金属污染物的产污量和排污量。

$$W_{产} = PG_{产} \tag{6-1}$$

$$W_{排} = PG_{排} \tag{6-2}$$

式中：$W_{产}$——某种污染物产生量，kg；

$G_{产}$——某种污染物产污系数，kg/t；

$W_{排}$——某种污染物排放量，kg；

$G_{排}$——某种污染物排污系数，kg/t；

P——年产品生产（或原料使用）量，t。

这种方法是核算污染物产生量和排放量的基本技术方法之一，应用范围较广。

监测数据法是对工业企业排污口的水质和水量进行同时监测，据此计算出该企业的实际排污量，其结果比较准确。唐桂刚等将监测数据法与其他核算方法进行比较，得出这一方法需要对企业逐个进行监测，工作量很大，通常只用于重点工业污染源。

物料衡算法是通过电镀企业的清洁生产报告及相关资料，根据原料量、原料利用率、损耗率等依据物料守恒计算重金属的产排污量。

由于我国现有《产排污系数手册》中对电镀企业中重金属的产排污系数的规定几乎空白，应用范围非常有限，所以本书首先根据文献调研以及深圳电镀企业的大量一手调研数据修订和完善了电镀行业重金属污染物排放的产排污经验系数。

需要特别说明的是，国内现行《产排污系数手册》是以产品产量为计算依据设定的，但由于电镀产品种类繁多，单位统一难度非常大，无法利用原有产排污系数进行方便有效地计算，因此本书所计算产排污系数由原来的以产品计算重金属的产排污系数，改为以原料计算重金属的产排污系数，因为电镀企业一旦确定镀种，其所采用原料便在一定范围内是固定的，单位也相对统一，计算更加方便准确。

6.3.5.1　“四同”组合的划分

我国电镀行业生产原料、产品比较复杂，生产工艺种类也较多，为使本书所核算的产排污系数能够覆盖行业全部企业，合理进行“四同”组合划分非常必要。首先，根据参考文献以及电镀资料对 4 种镀种进行严格的“四同”组合划分，得到 22 组“四同”组合，如表 6-2～表 6-5 所示；然后，根据深圳市 60 家电镀企业的调研数据计算得到每组“四同”组合的产排污系数。

表 6-2 电镀企业镀铜“四同”组合

编号	名称	原料	生产工艺	产品	备注
Cu-01	磷铜+酸性镀铜+五金制品	磷铜	酸性镀铜	五金制品	所有规模
Cu-02	磷铜+酸性镀铜+其他配件	磷铜	酸性镀铜	其他配件	
Cu-03	磷铜+焦磷酸镀铜+五金制品	磷铜	焦磷酸镀铜	五金制品	
Cu-04	磷铜+焦磷酸镀铜+其他配件	磷铜	焦磷酸镀铜	其他配件	
Cu-05	铜板+氰化物镀铜+五金制品	铜板	氰化物镀铜	五金制品	
Cu-06	铜板+氰化物镀铜+其他配件	铜板	氰化物镀铜	其他配件	
Cu-07	铜板+化学镀铜+五金制品	铜板	化学镀铜	五金制品	
Cu-08	铜板+化学镀铜+其他配件	铜板	化学镀铜	其他配件	

表 6-3 电镀企业镀铬“四同”组合

编号	名称	原料	生产工艺	产品	备注
Cr-01	氯化铬（硫酸铬）+三价铬电镀+五金制品	氯化铬（硫酸铬）	三价铬电镀	五金制品	所有规模
Cr-02	氯化铬（硫酸铬）+三价铬电镀+其他配件	氯化铬（硫酸铬）	三价铬电镀	其他配件	
Cr-03	铬酐+六价铬电镀+五金制品	铬酐	六价铬电镀	五金制品	
Cr-04	铬酐+六价铬电镀+其他配件	铬酐	六价铬电镀	其他配件	

表 6-4 电镀企业镀镍“四同”组合

编号	名称	原料	生产工艺	产品	备注
Ni-01	镍板+瓦特镀镍+五金制品	镍板	瓦特镀镍	五金制品	所有规模
Ni-02	镍板+瓦特镀镍+其他配件	镍板	瓦特镀镍	其他配件	
Ni-03	镍板+氨基磺酸镍镀镍+五金制品	镍板	氨基磺酸镍镀镍	五金制品	
Ni-04	镍板+氨基磺酸镍镀镍+其他配件	镍板	氨基磺酸镍镀镍	其他配件	
Ni-05	镍板+化学镀镍+五金制品	镍板	化学镀镍	五金制品	
Ni-06	镍板+化学镀镍+其他配件	镍板	化学镀镍	其他配件	

表 6-5 电镀企业镀锌“四同”组合

编号	名称	原料	生产工艺	产品	备注
Zn-01	锌板+酸性镀锌+五金制品	锌板	酸性镀锌	五金制品	所有规模
Zn-02	锌板+酸性镀锌+其他配件	锌板	酸性镀锌	其他配件	
Zn-03	锌板+碱性镀锌+五金制品	锌板	碱性镀锌	五金制品	
Zn-04	锌板+碱性镀锌+其他配件	锌板	碱性镀锌	其他配件	

6.3.5.2　计算产排污系数

根据“四同”组合的划分以及深圳市 60 家电镀企业的调研数据可以计算重金属的产排污系数（$G_{产}=W_{产}/P_{原料}$和 $G_{排}=W_{排}/P_{原料}$），计算结果如表 6-6～表 6-9 所示。

表 6-6　镀铜的产排污系数　　单位：kg/t

编号	产污系数	排污系数
Cu-01	83.48	0.83
Cu-02	103.40	10.68
Cu-03	18.19	0.35
Cu-04	69.05	1.88
Cu-05	70.28	8.07
Cu-06	128.79	15.83
Cu-07	277.78	3.40
Cu-08	67.79	29.42

表 6-7　镀镍的产排污系数　　单位：kg/t

编号	产污系数	排污系数
Ni-01	65.11	4.94
Ni-02	73.93	8.08
Ni-03	84.06	0.10
Ni-04	50.55	5.75
Ni-05	89.85	4.12
Ni-06	40.54	4.77

表 6-8　镀锌的产排污系数　　单位：kg/t

编号	产污系数	排污系数
Zn-01	29.92	0.89
Zn-02	305.76	6.62
Zn-03	248.28	2.81
Zn-04	45	16.83

表 6-9 镀铬的产排污系数 单位：kg/t

编号	污染物	产污系数	排污系数
Cr-01	总铬	129.12	9.56
	六价铬	129.12	9.56
Cr-02	总铬	42.82	4.63
	六价铬	24.12	0.21
Cr-03	总铬	19.3	1.31
	六价铬	2.71	0.40
Cr-04	总铬	231.89	29.77
	六价铬	69.53	1.64

根据以上研究结果和电镀行业特点，确定电镀企业重金属产排污量核查核算方法选择依据如表 6-10 所示。

表 6-10 核查核算技术方法选择

适用企业类型	企业情况	核算方法	说明
新建企业（或生产线）	—	产排污系数法	第二个月作为核算起始时间
改（扩）建企业（或生产线）	工艺、产品、污染治理设施发生变化	产排污系数法	考核年度排放量减去上年同期排放量
原材料发生改变的企业	在污染源普查基数库中	产排污系数法	须有原材料变化稳定、可靠保障及证明材料
清洁生产资料完整的企业	—	产排污系数法/物料衡算法	—
污染物排放量大、资料审查中数据材料存疑的企业	—	监测数据法	校核
无对应产排污系数的企业（或生产线）	—	监测数据法	—
其他	—	监测数据法/产排污系数法	具体情况具体分析

6.3.6　核查核算的制约因素

目前，电镀行业重金属污染物排放统计范围和指标体系尚不全面，排放系数虽得以完善但仍未能面面俱到，因此，在电镀行业重金属污染物排放量核查核算工作中仍存在基数不清、难度较大的问题。核查核算工作主要的制约因素见表 6-11。

表 6-11　核查核算的主要制约因素

主要方面	存在问题	影响及解决方案
行业现状	规模小、数量多、集中度不高	难以进行全口径核算，尽量在区域范围内统计尽可能多的企业
产排污系数	产排污系数手册难以覆盖全部镀种和工艺	对未覆盖镀种和工艺采用物料衡算法或监测数据法的同时完善补充产排污经验系数
企业	电镀企业配合度低	核算存在困难，需要生态环境部门和电镀协会出面
收集数据	上报或环境统计数据不完整	影响核算准确度，必须通过实际调研获取完整数据

6.3.7　核查程序和核算要点

电镀行业重金属的核查程序及现场核查要点如下：

一是核查调研上报的数据以及清洁生产资料；

二是到现场核查镀种和工艺流程；

三是核查电镀企业的进货单，原料数据是否准确；

四是根据清洁生产资料核查电镀企业的用水量和排水量，是否有偷排现象。

6.4　电镀行业重金属污染物排放量核查核算实证研究

以深圳市为例开展电镀行业重金属污染物排放量核查核算的实证研究。首先全面调查了深圳市的电镀企业情况，然后选择 3 家典型电镀企业开展了 3 种核算方法的应用比较，最后选择两家典型电镀企业进行了核查核算体系的实例验证。

6.4.1 深圳市电镀企业概述

深圳市地处广东省南部沿海，位于北回归线以南，是我国重要的进出口岸之一。据不完全统计，深圳市电镀厂有 400 多家，其分布情况如图 6-2 所示。本书选择电镀企业较为集中的深圳市宝安区和坪山新区作为主要研究对象。这些电镀厂废水治理设施处理能力最高达 4 448 m^3/d，最低至没有处理能力；废水治理设施运行费用最高达 400 万元/a。这些电镀厂年用水量最高达到 207 487 m^3，最小的用水量只有 58 m^3，其废水年排放量大致与其用水量相符，仅个别电镀企业的重复水回用率为 50%左右。

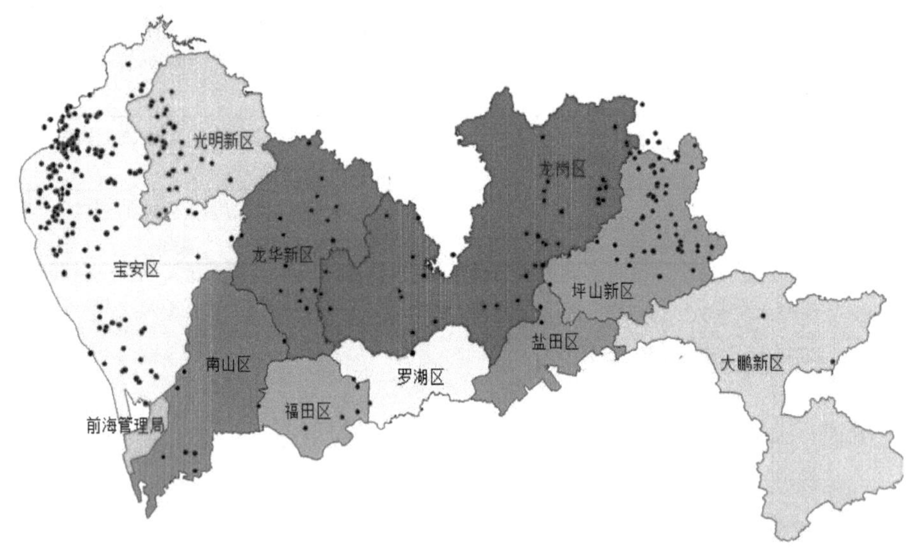

图 6-2 深圳市电镀厂分布

6.4.2 3 种方法应用比较

本书选择了 3 家典型电镀企业开展 3 种方法的应用比较，分别为 A 企业、B 企业和 C 企业，地理位置分布如图 6-3 所示，企业情况如表 6-12 所示。

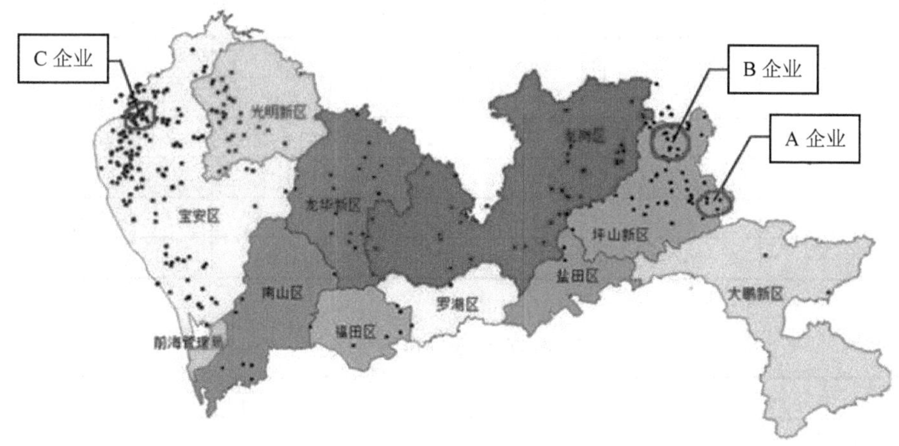

图 6-3　3 家电镀企业的地理位置

表 6-12　3 家电镀企业的基本情况

企业	镀种			生产规模			工业用水量			生产线类型			生产工艺				清洁生产水平		
	五金	合金	朔胶	大	中	小	大	中	小	自动	半自动	手动	挂镀	滚镀	连续镀	电刷镀	一级	二级	三级
A	○				○			○		○				○				○	
B	○					○			○		○		○				○		
C	○		○		○			○			○		○	○				○	

注：“○”表示企业不同分类类型的选择。

根据 3 家企业的清洁生产报告获得 3 家电镀企业的原始数据。比较采用监测数据法、产排污系数法和物料衡算法计算获得的 3 家典型电镀企业的产排污量，分析 3 种方法计算结果的相对偏差如表 6-13～表 6-18 所示。

表 6-13 A 企业的产污量误差

重金属	铜	六价铬	总铬	镍
监测数据法/kg	172.21	59.90	92.98	149.35
产排污系数法/kg	145.21	74.50	103.30	144.75
物料衡算法/kg	224.32	109.40	129.28	186.88
误差（产）	15.68%	24.37%	11.10%	3.08%
误差（物）	30.26%	82.64%	39.04%	25.13%

表 6-14 A 企业的排污量误差

重金属	铜	六价铬	总铬	镍
监测数据法/kg	1.12	5.96	8.38	5.11
产排污系数法/kg	1.45	5.52	7.65	6.64
物料衡算法/kg	1.92	6.84	8.08	4.83
误差（产）	29.46%	7.38%	8.71%	29.94%
误差（物）	71.43%	14.77%	3.58%	5.48%

表 6-15 B 企业的产污量误差

重金属	铜	镍
监测数据法/kg	2.34	181.51
产排污系数法/kg	2.84	162.91
物料衡算法/kg	3.39	217.64
误差（产）	21.37%	10.25%
误差（物）	44.87%	19.91%

表 6-16 B 企业的排污量误差

重金属	铜	镍
监测数据法/kg	0.05	0.18
产排污系数法/kg	0.05	0.19
物料衡算法/kg	0.03	0.19
误差（产）	0.00%	5.56%
误差（物）	40.00%	5.56%

表 6-17　C 企业的产污量误差

重金属	铜	六价铬	总铬	镍	锌
监测数据法/kg	568.98	45.33	420.38	72.80	4.75
产排污系数法/kg	555.56	41.72	371.02	68.92	4.50
物料衡算法/kg	397.06	77.16	205.76	112.37	8.54
误差（产）	2.36%	7.96%	11.74%	5.33%	5.26%
误差（物）	30.22%	70.22%	51.05%	54.35%	79.79%

表 6-18　C 企业的排污量误差

重金属	铜	六价铬	总铬	镍	锌
监测数据法/kg	6.20	0.96	43.05	10.58	1.92
产排污系数法/kg	6.80	0.98	47.63	8.11	1.68
物料衡算法/kg	2.06	1.80	4.80	8.50	0.99
误差（产）	9.68%	2.08%	10.64%	23.37%	12.57%
误差（物）	66.77%	87.50%	88.85%	19.69%	48.48%

由产排污量误差表可以看出，产排污系数法计算的产排污量与监测数据法相比的误差相对较小，误差基本都在 30%以内，而物料衡算法计算的产排污量的误差变化幅度比较大，为 3.58%～88.85%。其中，A 企业和 C 企业的六价铬和总铬的产污量和排污量的误差（物）比较大，可能是由于铬废气引起的；A 企业的铜和镍的排（产）污量误差都相对较大，分别高达 29.46%和 29.94%，可能是由于不同的末端处理技术有不同的处理效果或者调研数据本身存在一定的偏差导致的。但总体来看，产排污系数法基本是可信的，相对物料衡算法也更为可靠。

6.4.3　核查核算体系企业实例验证

应用本书所建立电镀行业重金属污染物排放量核查核算方法体系选择位于深圳市宝安区的 D 企业和位于深圳市龙岗区的 E 企业作为试点企业进行应用验证。

深圳宝安 D 企业成立于 1993 年，注册资金 1 000 万元。公司地处深圳市宝安区龙华镇龙胜路旭联工业区内，主要从事五金、化工、土产百货等购销贸易及物业租赁和管理业务。五金业中主要的镀种是铜、铬、镍，电镀厂现有污水处理设施且运转良好，能够达到国家排放标准要求。

E 企业始建于 1978 年，主要从事各种五金零件电镀，是中国大陆为数不多的获得 ISO 14000 认证的电镀企业之一。位于龙岗镇同乐赖屋村三一工业区，主要镀种是锌，主要经营范围为电镀加工、打磨抛光、喷油烤漆等。

对两家企业的核查核算步骤具体如下：

一是收集资料。通过生态环境部门获得了两家企业上报的数据和清洁生产资料，审核数据和资料，确认其合理可信。

二是前往企业现场，核查其镀种和工艺流程与上报资料一致，检查其原材料进货单、出库单及使用记录等文件证实其上报数据真实，检查其进出水水量，确认无漏排、偷排现象。

三是划定新增量和削减量。

根据 D 企业和 E 企业 2010—2012 年的数据以及现场跟踪调查，在这 3 年内两家企业没有新建、改建、扩建项目以及原料的改变，所以没有重金属的新增量。而对较为严重的污染源进行了清洁生产技术改造项目以及污染源治污设施改造项目，从而产生新增削减量。

四是确认企业核查核算方法。

这两家电镀企业生产经营数据和清洁生产资料完整，原料固定，镀种和生产工艺在本书划分的 22 个“四同”组合范围内，因此可采用产排污系数法对其重金属污染物排放量进行核查核算。根据调研数据，D 企业主要的镀种是铜、铬、镍，对应的“四同”组合编号分别为 Cu-05、Cr-03、Ni-05；E 企业的主要镀种是锌，其对应的“四同”组合为 Zn-03。计算两家企业 2011 年度的产排污量结果如表 6-19 所示。

表 6-19　两家试点企业核查产排污量与调研获得的实测产排污量对比

重金属	四同组合编号	原料/kg	产排污系数/(kg/t)	排污系数/(kg/t)	核算产污量/kg	实测产污量/kg	产污量误差/%	核算排污量/kg	实测排污量/kg	排污量误差/%
D 企业										
铜	Cu-05	950	70.28	8.07	66.77	56	19.23	7.67	6.6	16.16
总铬	Cr-03	400	19.3	1.31	7.72	8	3.50	0.52	0.6	12.67
六价铬		300	2.71	0.4	0.81	0.84	3.21	0.12	0.1	20.00
镍	Ni-05	1 200	89.85	4.12	107.82	129	16.42	4.94	4.6	7.48
E 企业										
锌	Zn-03	200	248.28	2.81	49.66	55	9.72	0.56	0.47	19.57

由表 6-19 可以看出，利用产排污系数法计算的两家电镀厂的产排污量与调研的产排污量误差都在 20%以内，成功验证了该核算方法的可靠性及可用性。应用该核查核算体系能够实现区域电镀行业重金属污染物排放总量的核查核算。

第 7 章　湖南省电解锰行业重金属污染物排放量核算技术探索

电解锰行业废水、废气、废渣污染物排放量大，且废水、废气、废渣中均含有有害人体健康的重金属。锰是人体所需的微量元素，同时锰也是一种物质性蓄积的毒物，久而久之会导致慢性锰中毒。如“锰三角”区的湘西花垣县，由于地域偏僻，环境管理困难，电解锰废水的无序排放对该区域环境造成了极大的危害，特别是对花垣河水质造成了较大的污染，附近的居民对此反应较为强烈。开展湖南省电解锰行业重金属污染物排放量核算技术研究，有利于为涉锰行业重金属污染控制与管理提供技术支撑。

本书识别了电解锰行业重点省（区、市），分析了电解锰行业污染物排放特征，评估了我国电解锰行业工艺现状，在此基础上建立了我国电解锰行业锰元素排放量核算方法，并以典型企业为例开展了核算方法比较研究。

7.1　选取湖南省开展测算的背景介绍

湖南省是我国的锰矿大省，湖南省锰矿累计查明资源储量 1.48 亿 t，位居国内第 4，保有资源储量 0.96 亿 t，位居国内第 2；锰矿床以单一矿产为主，主要矿产次之，共、伴生矿床所占保有储量比例极小（不到 1%）；保有储量主要集中于湘潭县、邵阳双清区、桃江县、花垣县和永州零陵区等。全省共有 63 个锰矿区，其中大型矿产资源储量规模矿区 2 个，中型矿区 13 个，小型矿区 48 个①。

湖南锰矿以碳酸锰矿石为主，约占总储量的 79.53%，其次为铁锰矿石和氧化

① 肖诚，崔先万，罗为艾. 湖南锰业的发展现状与对策研究[J]. 中国锰业，2014，32（3）：5-8.

锰矿石。矿石特点为贫、细、杂，选矿难度较大，即矿石以贫矿为主，其中含锰约为碳酸锰矿 14%，氧化锰矿 23%，铁锰铅锌矿石 14.5%；铁锰胶结，磷微细浸染零星散布，嵌布粒度细；矿物组分复杂，含高磷、高铁、高硅成分①。

湖南省涉锰行业细分按照锰矿石深加工的程度以及各类锰产品在工业领域的应用，锰工业可细分为电解金属锰、锰系铁合金、电解二氧化锰、四氧化三锰、锰盐等子行业。锰工业是资源、能源密集型产业，其生产工艺流程长，从矿石开采到产品的最终加工，需要经过很多生产工序，其中的一些主体工序资源、能源消耗量都较大，污染物排放量也比较大。同时，由于传统冶金生产工艺技术发展的局限性以及我国多年来基本上延续以粗放生产为经济增长方式，整体工艺技术装备水平落后，导致湖南省锰工业尤其是迅猛发展的电解锰行业成为湖南省内的重点污染行业之一。

7.2　电解锰行业污染物排放特征分析

7.2.1　废水

电解锰生产企业主要废水污染源是工艺废水，包括钝化废水、极板清洗废水、车间地面冲洗废水、滤布清洗废水、板框清洗废水、清槽废水等，还有渣场渗滤液、厂区初期雨水、电解槽冷却水等。工艺废水中的主要污染物是总锰、六价铬和氨氮等；渣场渗滤液所含污染物以高浓度氨氮、总锰为主；厂区初期雨水所含污染物以悬浮物、总锰、氨氮为主。各企业废水污染源、配套环保设施及处理效果见表 7-1。废水污染是电解锰行业的主要污染特征，花垣县现有 14 家电解锰企业，废水产生情况见表 7-2。

① 洪世琨. 我国锰矿资源开采现状与可持续发展研究[J]. 中国锰业，2011，29（3）：13-16.

表 7-1 各企业废水污染源、配套环保设施及处理效果

企业名称	废水污染源	污染治理措施	处理效果
A	滤布、隔膜框、电解槽清洗水、地面冲洗水	沉淀池沉淀处理后重复利用，用于稀释液氨（冲氨）、洗滤布、隔膜框、电解槽、冲洗地面	含锰废水处理后回用，不外排
	冲板水（冲洗阴极板）	含锰废水收集池沉淀处理后循环使用	含锰废水，不外排
	电解槽冷却水	收集池收集、冷却后返回电解槽循环使用	循环水，不外排
	渣场渗滤液	渣坝下游设集水井将渗滤液收集后泵至含锰废水收集池循环使用	不外排
B	滤布、隔膜框、电解槽清洗水、地面冲洗水	经含锰废水处理系统处理后重复利用，用于稀释液氨（冲氨）、洗滤布、隔膜框、电解槽、冲洗地面	含锰废水处理后回用，不外排
	钝化、冲洗阴极板、冲洗电解车间地面废水	经含铬废水处理装置处理后汇入含锰废水中转池处理后循环使用	含铬废水，不外排
	电解槽冷却水	收集池收集、冷却后返回电解槽循环使用	循环水，不外排
	渣场渗滤液	渣坝下游设收集池将渗滤液收集后泵至高位水池循环使用	不外排
C	滤布、隔膜框、电解槽清洗水、地面冲洗水	经含锰废水处理系统处理后重复利用，用于稀释液氨（冲氨）、洗滤布、隔膜框、电解槽、冲洗地面； 收集池 100 m^3，沉淀池 80 m^3，过滤池 200 m^3，中和池 100 m^3，废水事故池 400 m^3	含锰废水处理后回用，不外排
	钝化、冲洗阴极板、冲洗电解车间地面废水	经含铬废水处理装置处理后汇入含锰废水中转池处理后回用； 收集池 80 m^3，还原池 80 m^3，碱式反应池 100 m^3，混凝反应池 200 m^3	含铬废水，不外排
	电解槽冷却水	收集池收集、冷却后返回电解槽循环使用，循环水池 6400 m^3，高位水池 800 m^3；	循环水，不外排
	渣场渗滤液	渣坝下游设收集池 100 m^3，将渗滤液收集后泵至含锰废水收集池处理	不外排
D	滤布、隔膜框、电解槽清洗水、地面冲洗水	经含锰废水处理系统 150 t/d 处理后重复利用，用于稀释液氨（冲氨）、洗滤布、隔膜框、电解槽、冲洗地面	含锰废水处理后回用，不外排
	钝化、冲洗阴极板、冲洗电解车间地面废水	经含铬废水处理装置 240 t/d 处理后回用	含铬废水，不外排
	电解槽冷却水	收集池收集、冷却后返回电解槽循环使用	循环水，不外排
	渣场渗滤液	渣坝下游设 2 个收集池 100 m^3，将渗滤液收集后泵至含锰废水收集池处理	不外排

企业名称	废水污染源	污染治理措施	处理效果
E	滤布、隔膜框、电解槽清洗水、地面冲洗水	经含锰废水处理系统处理后重复利用，用于稀释液氨（冲氨）、洗滤布、隔膜框、电解槽、冲洗地面	含锰废水处理后回用，不外排
	钝化、冲洗阴极板、冲洗电解车间地面废水	经含铬废水处理装置处理后回用	含铬废水，不外排
	电解槽冷却水	收集池收集、冷却后返回电解槽循环使用	循环水，不外排
	渣场渗滤液	渣坝下游设收集池将渗滤液收集后泵至含锰废水收集池处理	不外排
F	滤布、隔膜框、电解槽清洗水、地面冲洗水	经含锰废水处理系统处理后重复利用，用于稀释液氨（冲氨）、洗滤布、隔膜框、电解槽、冲洗地面	含锰废水处理后回用，不外排
	钝化、冲洗阴极板、冲洗电解车间地面废水	经含铬废水处理装置处理后回用	含铬废水，不外排
	电解槽冷却水	收集池收集、冷却后返回电解槽循环使用	循环水，不外排
	渣场渗滤液	渣坝下游设收集池将渗滤液收集后泵至含锰废水收集池处理	不外排
G	滤布、隔膜框、电解槽清洗水、地面冲洗水	经含锰废水处理系统处理后重复利用，用于稀释液氨（冲氨）、洗滤布、隔膜框、电解槽、冲洗地面；调节池 12 m^3，还原池 12 m^3，碱化反应池 12 m^3，混凝池 8 m^3，污泥池 4 m^3	含锰废水处理后回用，不外排
	钝化、冲洗阴极板、冲洗电解车间地面废水	经含铬废水处理装置处理后回用，清洗池 12 m^3，调节池 6 m^3，一沉池 6 m^3，二沉池 8 m^3，过滤池 9 m^3，中转池 40 m^3，废水储存池 100 m^3	含铬废水，不外排
	电解槽冷却水	收集池收集、冷却后返回电解槽循环使用，冷却水池 200 m^3	循环水，不外排
	渣场渗滤液	渣坝下游设收集池 40 m^3 将渗滤液收集后泵至含锰废水收集池处理	不外排
H	滤布、隔膜框、电解槽清洗水、地面冲洗水	经含锰废水处理系统处理后重复利用，用于稀释液氨（冲氨）、洗滤布、隔膜框、电解槽、冲洗地面	含锰废水处理后回用，不外排
	钝化、冲洗阴极板、冲洗电解车间地面废水	经含铬废水处理装置处理后汇入含锰废水中转池处理后循环使用	含铬废水，不外排
	电解槽冷却水	收集池收集、冷却后返回电解槽循环使用	循环水，不外排
	渣场渗滤液	渣坝下游设收集池将渗滤液收集后泵至含锰废水收集池处理	不外排

<table>
<tr><th>企业名称</th><th>废水污染源</th><th>污染治理措施</th><th>处理效果</th></tr>
<tr><td rowspan="3">I</td><td>滤布、隔膜框、电解槽清洗水、钝化、冲洗阴极板、地面冲洗水</td><td>经含铬、锰废水处理系统 100 t/d 处理后重复利用，用于稀释液氨（冲氨）、洗滤布、隔膜框、电解槽、冲洗地面</td><td>含铬、锰废水处理后回用，不外排</td></tr>
<tr><td>电解槽冷却水</td><td>收集池收集、冷却后返回电解槽循环使用</td><td>循环水，不外排</td></tr>
<tr><td>渣场渗滤液</td><td>渣坝下游设收集池将渗滤液收集后泵至含锰废水收集池处理</td><td>不外排</td></tr>
<tr><td rowspan="4">J</td><td>滤布、隔膜框、电解槽清洗水、地面冲洗水</td><td>经含锰废水处理系统 100 t/d 处理后重复利用，用于稀释液氨（冲氨）、洗滤布、隔膜框、电解槽、冲洗地面</td><td>含锰废水处理后回用，不外排</td></tr>
<tr><td>钝化、冲洗阴极板、冲洗电解车间地面废水</td><td>经含铬废水处理装置 240 t/d 处理后汇入含锰废水中转池处理后循环使用</td><td>含铬废水，不外排</td></tr>
<tr><td>电解槽冷却水</td><td>收集池收集、冷却后返回电解槽循环使用</td><td>循环水，不外排</td></tr>
<tr><td>渣场渗滤液</td><td>渣坝下游设收集池将渗滤液收集后泵至含锰废水收集池处理</td><td>不外排</td></tr>
<tr><td rowspan="3">K</td><td>滤布、隔膜框、电解槽清洗水、钝化、冲洗阴极板、地面冲洗水</td><td>经含铬、锰废水处理系统 200 t/d 处理后重复利用，用于稀释液氨（冲氨）、洗滤布、隔膜框、电解槽、冲洗地面</td><td>含铬、锰废水处理后回用，不外排</td></tr>
<tr><td>电解槽冷却水</td><td>收集池收集、冷却后返回电解槽循环使用</td><td>循环水，不外排</td></tr>
<tr><td>渣场渗滤液</td><td>渣坝下游设收集池将渗滤液收集后泵至含锰废水收集池处理</td><td>不外排</td></tr>
<tr><td rowspan="3">L</td><td>滤布、隔膜框、电解槽清洗水、钝化、冲洗阴极板、地面冲洗水</td><td>经含铬、锰废水处理系统 250 t/d 处理后重复利用，用于稀释液氨（冲氨）、洗滤布、隔膜框、电解槽、冲洗地面</td><td>含铬、锰废水处理后回用，不外排</td></tr>
<tr><td>电解槽冷却水</td><td>收集池收集、冷却后返回电解槽循环使用</td><td>循环水，不外排</td></tr>
<tr><td>渣场渗滤液</td><td>渣坝下游设收集池将渗滤液收集后泵至含锰废水收集池处理</td><td>不外排</td></tr>
<tr><td rowspan="4">M</td><td>滤布、隔膜框、电解槽清洗水、地面冲洗水</td><td>经含锰废水处理系统 100 t/d 处理后重复利用，用于稀释液氨（冲氨）、洗滤布、隔膜框、电解槽、冲洗地面；
缓冲池 58.8 m^3，回收池 44 m^3，沉淀池 320 m^3，高位回收池 195 m^3</td><td>含锰废水处理后回用，不外排</td></tr>
<tr><td>钝化、冲洗阴极板、冲洗电解车间地面废水</td><td>经含铬废水处理装置 240 t/d 处理后汇入含锰废水中转池处理后循环使用，应急池 60 m^3，调节池 124.7 m^3，还原池 79.5 m^3，碱化反应池 102.8 m^3，渣水回收池 14.4 m^3，合格水回收池 11.2 m^3</td><td>含铬废水，不外排</td></tr>
<tr><td>电解槽冷却水</td><td>收集池收集、冷却后返回电解槽循环使用</td><td>循环水，不外排</td></tr>
<tr><td>渣场渗滤液</td><td>渣坝下游设收集池 32 m^3 将渗滤液收集后泵至含锰废水收集池处理</td><td>不外排</td></tr>
</table>

企业名称	废水污染源	污染治理措施	处理效果
N	滤布、隔膜框、电解槽清洗水、地面冲洗水	经含锰废水处理系统 100 t/d 处理后外排兄弟河； 缓冲池 58.8 m^3，回收池 44 m^3，沉淀池 320 m^3，高位回收池 195 m^3	含锰废水处理后外排
	钝化、冲洗阴极板、冲洗电解车间地面废水	经含铬废水处理装置 240 t/d 处理后外排兄弟河，应急池 60 m^3，调节池 124.7 m^3，还原池 79.5 m^3，碱化反应池 102.8 m^3，渣水回收池 14.4 m^3，合格水回收池 11.2 m^3	含铬废水处理后外排
	电解槽冷却水	收集池收集、冷却后返回电解槽循环使用	循环水，不外排
	渣场渗滤液	渣坝下游设收集池将渗滤液收集后泵至含锰废水收集池处理	处理后外排

表 7-2　花垣县电解锰企业废水产生量统计　　单位：t/a

废水污染源 企业名称	含铬废水	含锰废水	渣场渗滤液
A	—	3 760	365
B	19 210	6 610	500
C	11 200	8 450	450
D	21 000	18 000	600
E	17 420	6 570	640
F	15 450	5 980	580
G	6 886	5 196	400
H	10 610	7 460	446
I	8 250	5 500	415
J	45 000	41 250	762
K	23 625	5 250	485
L	18 648	7 992	500
M	73 100	33 860	1 260
N	24 000	15 600	360
合计	294 399	171 478	7 763

7.2.2 废气

电解锰企业废气主要有矿粉加工过程产生的含尘气体，化合、酸浸、电解等过程产生的硫酸雾、氨气等。部分企业矿石粉碎工序采用袋式除尘收集处理，未采取收尘净化措施；原料粉投入产生的粉尘以无组织排放形式排放；浸出工序外排硫酸雾，中和电解工序氨气均以无组织形式排放；少部分企业采用电炉烘烤极板，大部分企业采用燃煤炉烘烤极板，炉窑燃煤烟气未经处理直接由排气筒排放。

7.2.3 固体废物

电解锰企业产生的固体废物主要有锰渣，包括矿石酸浸后固液分离产生的酸浸渣、粗滤渣和含锰废水处理设施沉淀渣，含铬废水处理过程中产生的含铬污泥，电解过程产生的阳极泥，精滤过程中产生的硫化渣等。锰渣主要含有锰、可溶性盐类及其他固态矿物成分，其中硫酸盐、氨氮、锰的浓度极高，属一般工业固体废物（Ⅱ类），排放量较大，达 6～10 t/t 产品。铬渣污染是废水处理过程中所产生的沉淀物，是一种有毒有害的危险废物（HW21）。含铬污泥必须进行无害化处理，杜绝二次污染。花垣县现有 14 家电解锰企业均建有渣场堆放锰渣，但绝大部分渣场未建设防渗系统，并且大部分渣场即将达到服务年限，见表 7-3，厂内都建有含铬废渣库房和阳极泥库房，统一外售给有资质的单位处理。

表 7-3 现有企业锰渣场情况一览表

固体废物种类 / 企业名称	渣场总有效库容/万 m^3	现有锰渣堆存量/t	剩余服务年限/a
A	36	187 500	2
B	100	250 000	3
C	20	600 000	1
D	20	504 000	1
E	215.6	300 000	4
F	20	300 000	1
G	100	300 000	3

企业名称＼固体废物种类	渣场总有效库容/万 m^3	现有锰渣堆存量/t	剩余服务年限/a
H	50	250 000	2
I	45.6	300 000	2
J	36.9	735 000	1
K	180	540 000	3
L	4	396 000	0.4
M	30	900 000	1
N	50	648 000	2

电解锰企业固体废物产生总量：锰渣 1 143 500 t/a，阳极泥 16 830 t/a，硫化渣 2 140 t/a，含铬废渣 1 365.5 t/a。锰渣主要含有锰、可溶性盐类及其他固态矿物成分，其中硫酸盐、氨氮、锰的浓度极高，属一般工业固体废物（Ⅱ类），排放量较大，达 6～10 t/t 产品，见表 7-4。

表 7-4　花垣县现有 14 家电解锰企业固体废物产生量统计　　单位：t/a

企业名称＼固体废物种类	锰渣	阳极泥	含铬废渣	硫化渣
A	37 500	160	—	—
B	50 000	120	12	
C	120 000	2 000	20	400
D	63 000	630	7	—
E	60 000	1 000	10	200
F	60 000	1 000	10	200
G	60 000	1 000	10	200
H	50 000	120	12	—
I	60 000	375	15	—
J	105 000	750	125	—
K	60 000	375	187.5	—
L	66 000	600	900	—
M	190 000	6 000	30	600
N	162 000	2 700	27	540
合计	1 143 500	16 830	1 365.5	2 140
固体废物属性	一般固体废物	一般固体废物	危险废物	一般固体废物

7.3 电解锰污染行业工艺现状评估

在前期研究工作的基础上，结合研究区域及行业特征，制订湖南省内电解锰行业调研及监测方案。并选取典型工艺进行了现场调研，确定了采样测试的点位，并现场采集了若干样品，对现有工艺污染物排放控制现状进行评估。

目前，湖南省电解锰的生产工艺主要采用酸浸电解的湿法冶金工艺。原料主要有菱锰矿（主要成分是 $MnCO_3$，品位为 14%～20%）和软锰矿（主要成分是 MnO_2，品位为 30%～45%）。目前，电解锰企业采取“化合→浸出→过滤→电解”，其典型生产工艺流程见图 7-1，具体如下。

7.3.1 原料准备工序

原料工序的主要作用是准备生产所用原料，如碳酸锰矿粉、硫酸和液氨等，花垣县现有电解锰企业原料为碳酸锰矿，碳酸锰矿经破碎后送入矿粉仓库，原料工序主要生产设施有矿粉仓库、硫酸贮罐、液氨贮罐等。

7.3.2 制液工序

制液工序的作用是将碳酸锰矿粉与里酸作用生产硫酸锰溶液，然后用压滤机将溶液与未溶解的固体物质（渣）分开，而后再将溶液进一步净化得到纯净硫酸锰溶液，并将废弃渣送入渣场。制液工序主要由浸出、氧化、中和及溶液净化（由粗滤、净化和精滤）组成，主要生产设施有化合桶、压滤机、溶液贮池等。

①浸出：碳酸锰在耐酸化合槽内用硫酸酸化浸出，浸出的主要反应产物为 $MnSO_4$、H_2O、CO_2。

②氧化、中和：加入二氧化锰矿粉作为氧化剂，再加入氨水作为中和剂，进行氧化、中和反应的目的是除去铁、铝等杂质。

③溶液净化：达到一定要求的浸出液，用泵送至板框压滤机粗滤。滤渣经溜槽送至渣场，滤液送至净化槽，加入 SDD（福美纳），除去重金属（Co、Ni 等）。将净化后的溶液送至压滤机压滤，滤渣送至渣场，滤液（新液）送电解工序，净化机理是利用 SDD 水解后的乙硫氨分子团与 Co^{2+}、Ni^{2+}等重金属离子生产难溶的螯合物。

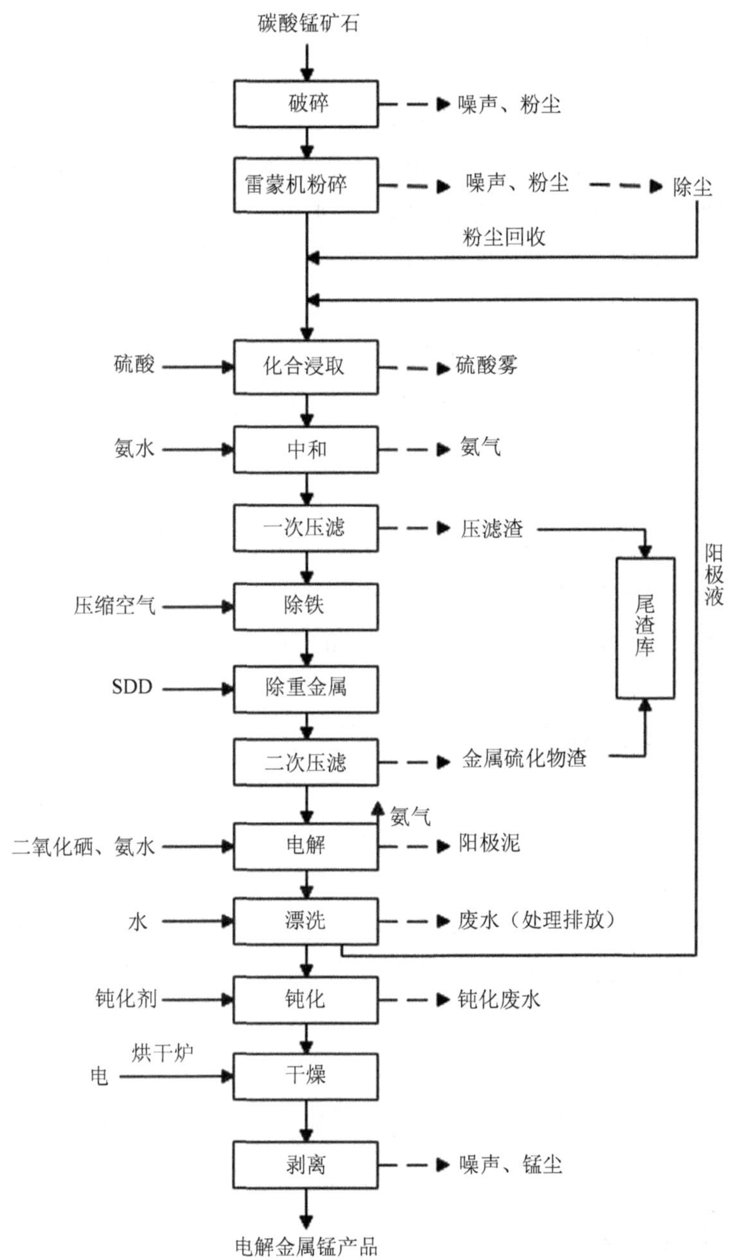

图 7-1　湖南省电解金属锰生产工艺流程及其产排污节点

7.3.3 电解工序

电解工序是进行电解作业最后取得产品的工序，生产时将电解液不断从高位槽引入电解槽内，通入直流电，当电解锰在阴极板上沉积达 1.5～2.0 mm 厚以后，定期从电解槽中取出阴极板（同时放入新的阴极板继续电解），经过短时钝化后，接着进行漂洗、剥离、烘干和整装，即可得到金属产品。电解时主要设备有电解槽和硅整流器。

生产过程中的主要化学反应式为

化合浸出：$MnCO_3+H_2SO_4 \longrightarrow MnSO_4+H_2O+CO_2\uparrow$

电　　解：$MnSO_4+H_2O \longrightarrow Mn+H_2SO_4+1/2O_2\uparrow$

氧化除铁：$2FeSO_4+MnO_2+2H_2SO_4 \longrightarrow MnSO_4+Fe_2(SO_4)_3+2H_2O$

$Fe_2(SO_4)_3+6NH_4OH \longrightarrow 2Fe(OH)_3\downarrow+3(NH_4)_2SO_4$

SDD 除镍：$MnS+NiSO_4 \longrightarrow NiS\downarrow+MnSO_4$

SDD 除钴：$MnS+CoSO_4 \longrightarrow CoS\downarrow+MnSO_4$

7.4 锰元素排放量核算方法研究

电解锰行业重金属污染物排放的核算可采用基于计算的方法或基于测量的方法。基于计算的方法是指通过产排污系数法和物料衡算法计算得到重金属污染物排放量的方法；基于测量的方法是指通过相关仪器设备对废水体积和废水中锰浓度等进行连续测量得到锰排放量的方法。

7.4.1 产排污系数法

目前，电解锰行业缺乏完善的产排污系数，还需要结合行业经验及未来研究进一步获取。

7.4.2 物料衡算法

物料衡算法是指根据物质质量守恒原理，对生产过程中使用的物料变化情况进行定量分析的一种方法。即投入物料量总和＝产出物料量总和＝主副产品和回收及综合利用的物质量总和＋排出系统外的废物质量（包括可控制与不可控制生产性废物及工艺过程的泄漏等物料流失）。

7.4.3　监测数据法

监测数据法是依据实际监测调查对象产生和外排废水量及其污染物浓度，计算出废气、废水排放量及各种污染物的产生量和排放量。

监测数据包括历史监测数据和在线实时监测数据。其中，历史监测数据包括生态环境部门对该企业进行监督性监测数据（简称监督监测数据）、建设项目环保竣工验收监测数据（简称验收监测数据）、企业委托监测数据和企业自测数据。

各种监测数据法获得的数据必须符合下述规定，才能作为有效数据，用于核算污染物的产生、排放量。

7.4.3.1　历史监测数据的认定

监督监测数据的认定：调查年度内，由县（区）级及以上生态环境部门按照监测技术规范要求进行监督监测得到的数据，并且企业当年生产产品、生产工艺、生产规模和治污设施没有发生明显变化且运行状况良好。废水锰污染物年监测频次达到 4 次以上；并且任意 2 次监测数据不能在同一个月，任意 3 次监测数据不能在同一个季度。监测项目和监测分析方法符合规范要求。

验收监测数据的认定：县（区）级及以上生态环境部门对新建项目、限期治理项目进行验收监测得到的数据，并且验收后企业的生产产品、生产工艺、生产规模和治污设施没有发生明显变化且运行状况良好。

委托监测数据的认定：调查年度内，县（区）级及以上生态环境部门受企业委托出具的监测数据，并且企业当年生产产品、生产工艺、生产规模和治污设施没有发生明显变化且运行状况良好。废水锰、铅、镉、铬、砷污染物年监测频次达到 4 次以上，并且任意 2 次监测数据不能在同一个月，任意 3 次监测数据不能在同一个季度。监测项目和监测分析方法符合规范要求。企业自送样品的委托监测数据不能作为调查数据使用。

企业自测数据的认定：具有当地县（区）级及以上生态环境部门认可的环境监测资质，调查年度内出具的本企业的监测数据。废水锰污染物年监测频次达到4次以上，并且任意2次监测数据不能在同一个月，任意3次监测数据不能在同一个季度。监测项目和监测分析方法符合规范要求。企业自测监测数据必须通过当地县（区）级及以上生态环境监测部门质量审核及认定。

7.4.3.2 在线监测数据的认定

在线监测设备的建设、安装符合有关技术规范、规定的要求，通过县（区）级及以上生态环境部门对比验收监测；并按技术规范、规定的要求进行质量保证/控制，定期校准、校核；日常管理和数据有效性通过生态环境部门的检查和比对监测实验的认可。

由于目前我国在线监测工作刚刚起步，监测准确性、设备运行情况等还需要进一步完善，因此，监测数据优先采用顺序：①历史监测、在线监测；②历史监测数据优先采用顺序：监督监测、验收监测、委托监测、企业自测。

有累计流量计的可按废水流量加权平均浓度和年累计废水流量计算得出；没有累计流量计的，通过监测的瞬时排放量（均值）和年生产时间进行核算。

7.4.3.3 数据不确定性

不确定性产生的原因一般包括以下几个方面：

（1）缺乏完整性：无法获得监测结果及其他相关数据。

（2）数据缺失：在现有条件下无法获得或者难以获得相关数据，因而使用替代数据或其他估算、经验数据。

（3）数据缺乏代表性：因为锰产品的市场价格出现波动，导致企业不一定按设计生产能力生产。

（4）测量误差：如测量仪器、仪器校准或测量标准不精确等。

应在重金属核算中对使用的每项数据是否存在因上述原因导致的不确定性进行识别和说明，同时说明降低不确定性应采取的措施。

7.4.3.4　3 种方法的使用原则

（1）以监测数据法为主核算污染物的产生量和排放量。监测数据要符合本技术规定中监测数据的认定要求。物料衡算法只在无法采用监测数据法核算时采用。

（2）采用监测数据法得到污染物排污量，可以用物料衡算法进行核算。

（3）物料衡算法、监测数据法核算的污染物排污量出现差异时：

如两种方法核算的污染物产污量、排污量相对误差小于 20%，以监测数据法为准，最终核定污染物排污量。

如两种方法核算的污染物产污量、排污量相对误差大于 20%，应对实际监测时企业的生产工况及生产工艺等环节进行核实，如实际监测时企业的生产工况不符合相关监测技术规定要求，用核准后的物料衡算法核定污染物排污量。

企业接受委托处理其他企业废水，应扣除接纳其他企业废水中污染物的产污量、排污量，再比较监测数据法与物料衡算法核算的排污量，并按上述原则最终核定企业的排污量；如无法扣除其他企业废水中污染物的排污量，则以物料衡算法最终核定污染物的排污量。

如监测时生产工况符合相关监测技术规定要求，则取监测数据法核算结果中污染物排放量较大的数据作为认定数据上报。

7.5　典型电解锰企业锰排放量核算实证研究

7.5.1　企业基本情况介绍

P 企业是 2006 年 1 月注册成立的一家民营股份制企业，位于湘西自治州古丈县断龙乡白溪关村。已建成的一期生产线生产能力为 10 000 t/a。

生产工艺：采用浸出、硫化、净化、电解工艺。

产品只有一种，即低硅高纯电解金属锰。电解金属锰达到《电解金属　锰行业标准》（YB/T 051—2003）C（Ⅰ）级。

2009—2012 年产品（产能）产量状况见表 7-5。

表 7-5 2009—2012 年产品（产能）产量状况 单位：t/a

项目	2009 年		2010 年		2011 年		2012 年	
	产能	实际产量	产能	实际产量	产能	实际产量	产能	实际产量
数量	10 000	1 802	10 000	4 571.37	10 000	3 801.04	10 000	1 230

注：由于市场的因素，近三年的生产状况不稳定。其中 2009 年生产时间约 4 个月，2010 年生产时间约 10 个月，2011 年生产时间 9 个月，2012 年从 9 月开始正常生产。

电解金属锰行业标准见表 7-6。

表 7-6 电解金属锰行业标准（YB/T 051—2003）

项目				高纯级		通用级		公司产品
				DJMnA	DJMnB	DJMnC	DJMnD	
化学成分/%	Mn	Ⅰ	不小于	99.94	99.88	99.9	99.8	99.9
		Ⅱ		99.9	99.8	99.9	99.7	

注：① 锰含量由减量法减去表中杂质含量之和得到；

② Ⅰ为片状，Ⅱ为粉状；

③ DJMnA 表示电解锰 A 级产品（其他类推）。

2009—2011 年主要原辅材料消耗状况见表 7-7。根据 2011 年的统计数据，现有生产用（已经过原料矿富集预处理）原料矿品位（含锰）为 12.8%～15.6%，平均品位在 13.5%。原矿中含锰的品位约为 10%。

表 7-7 2009—2011 年主要原辅材料一览表

序号	名称	2009 年		2010 年		2011 年	
		总耗	单耗	总耗	单耗	总耗	单耗
1	矿粉/t	19 443.6	10.79	49 370.8	10.80	41 313.5	10.86
2	生产用新鲜水/m^3	13 522	7.498	34 075	7.454	28 375	7.465

①2011 年可溶性锰的回收率 $W_{可溶性锰}=(T\times M_{锰}/M_{耗})\times 100\%$=68.15%。

生产工艺新鲜水用量约 117.5 m^3/d，根据 2011 年的统计数据，单位产品耗用新鲜水量为 7.465 m^3/t。主要为洗板水、循环冷却水、配置氨水（参与反应）、补充钝化液用水等。有 40.34%（47.4 m^3/d）成为工艺废水（包括含铬废水）经处理后排放，排放去向为白溪河，其余部分或随尾渣带走（约 45.53%、53.5 m^3/d）、或蒸发损失进入大气（共 14.13%，16.6 m^3/d）。

②生产工艺水循环利用率为（2 100+48）/（2 100+48+117.5）×100%= 94.81%。

工艺废水主要源于压滤、滤布清洗、钝化、漂洗和渣库渗滤液等。主要污染因子为总锰、pH、氨氮、悬浮物、六价铬等。全厂废水主要由以下几个方面组成：

a. 清洗电解槽废水，排放量约为 7.9 m^3/d；b. 电解车间洗板废水、废钝化液和地面冲洗水，这部分废水中含有锰、重铬酸钾、pH 呈中性，排放量约为 29.5 m^3/d；c. 压滤车间的洗隔膜袋废水和压滤布，排放量约为 10.5 m^3/d；d. 尾渣带出废水，排放量约为 53.5 m^3/d；

a、b、c 三项的废水排入污水收集池，经现有的铁屑还原加石灰中和法处理装置后排放，排放量约为 47.4 m^3/d。d 项废水随尾渣带走，成为尾渣库尾渣渗滤液的主要来源。

雨水排放采用雨污分流形式，但未完全做到雨污分流。初期雨水进入工艺废水处理系统，经处理后排放。现有废水排放未完全达到雨污分流；含锰和含铬废水处理采用的是铁屑还原加石灰中和法处理工艺和装置。冷却水为白溪河水，不掺杂生产工艺系统的其他废弃物，除现有的循环水池兼有的简单沉淀作用外，循环利用，无须其他处理设施。水处理能力为 200 m^3/d。采用铁屑还原加石灰中和法工艺处理包括含铬锰等工艺废水并安置了在线监控。

③生产过程产生的废渣主要有粗滤、精滤工序产生的压滤渣，主要化学成分为碳酸钙、氧化硅、氧化钴、硫酸镍和硫酸锰等。2011 年产生的压滤渣量为 43 028 t，含水率约为 31.5%。锰渣干密度 1.56 g/cm^3；粒度为 200 目的占 65%～70%。公司将现有的压滤渣送入距离约 4 km 的废渣场（尾矿库）堆存，没有综合利用。现有的尾渣库没有撇洪沟、没有进行防渗处理；尾渣渗滤液没有收集和处理；渣坝高度为 2 m。

2011 年 P 企业废物流现状见表 7-8。

表 7-8 废物流现状

类别	序号	污染物	排放量	去向	备注
废气	1	废气量/（万 m^3/a）	未知	大气	无组织排放
	2	硫酸雾/（t/a）	未知		
	3	氨气/（t/a）	未知		
废水	4	废水量/（m^3/a）	12 825	白溪河	—
	5	SS/（t/a）	未知		
	6	总锰/（kg/a）	15.39		
	7	氨氮/（kg/a）	2 372.63		
	8	六价铬/（kg/a）	2.565		
固体废物	9	压滤渣/（万 t/a）	4.302 8	白溪关尾渣库	—
	10	生活垃圾/（t/a）	14	厂区西南角洼地	—
	11	阳极渣/（t/a）	550.01	利废回收	—
	12	废水处理沉渣/（t/a）	45	利废回收	—

7.5.2 监测数据法

按 3 种核算方法使用原则：以监测数据法为主核算污染物的产生量和排放量。监测数据要符合本技术规定中监测数据的认定要求。物料衡算法只在无法采用监测数据法核算时使用。

（1）历史监测数据——古丈县环境监测站监督监测数据

监测说明：根据上级部门要求，古丈县环境监测站于 2011 年 5 月、2011 年 8 月、2011 年 11 月对 P 企业进行了 3 个季度的污染源监测（表 7-9）。受市场行情的影响，1—3 月该企业处于停产状态，其余月份稳定生产，生产负荷为 50.68%，稳定排污，设计产能为 10 000 t/a，实际生产量 3 801.04 t。

表 7-9 古丈县环境保护监测站检验报告（计量认证盖章处）

采样来源	2011 年污染源监督监测				
受检单位	P 企业				
采（送）样单位	古丈县环境保护监测站				
收样单位	古丈县环境保护监测站		采样点位	废水总排口	
监测项目 检验日期	pH	锰/（mg/L）	污水量/（m^3/s）	《污水综合排放标准》（GB 8978—1996）一级	是否达标
2011-05-30	6.60	1.061	0.000 548	2.0	是
2011-08-30	6.55	1.112	0.000 550	2.0	是
2011-11-30	6.79	1.481	0.000 549	2.0	是
年度平均值	6.65	1.218	0.000 549	2.0	是

注：2011 年 P 企业生产了 270 天，6 480 个小时。

污水量=0.000 549×24×3 600×270=12 807.072 m^3

污水中锰排放量=12 807.072 m^3×1.218 mg/L =15.60 kg

（2）在线监测数据

在线监测设备的建设、安装通过古丈县生态环境局验收，符合有关技术规范、规定的要求，并按技术规范、规定的要求进行质量保证/控制，定期校准、校核；日常管理和数据有效性通过古丈县生态环境局的检查和比对监测实验的认可。

从古丈县环境监测站取得的 2011 年在线监控数据显示：

排放废水总量为 12 798 m^3，其中总 Mn 为 0.032 5～1.813 6 mg/L（限值 2 mg/L），均值为 1.2 mg/L；废水中锰排放总量=47.4 m^3/d×270 d×1.2 mg/L=15.36 kg。

7.5.3 物料衡算法

根据 3 种方法使用原则：采用监测数据法得到污染物排污量，可以用物料衡算法进行核算。

物料衡算法是指根据物质质量守恒原理，对生产过程中使用的物料变化情况进行定量分析的一种方法。即投入物料量总和＝产出物料量总和＝主副产品和回收及综合利用的物质量总和＋排出系统外的废物质量。

以 2011 年数据为基础，另取经验系数：压滤渣中含锰量为 3%，阳极渣中含锰量为 10%，废水处理沉渣中含锰量为 5.3%：

投入锰总量 = 41313.5 t × 13.5% = 5577.3225 t；

主产品锰总量 = 3801.04 t × 99.94% = 3798.7594 t；

压滤渣中锰总量 = 43028 t × 3% = 1721.12 t；

阳极渣中锰总量 = 550.01 × 11% = 55.001 t；

废水处理沉渣中锰总量 = 45 × 5.3% = 2.385 t；

废水中锰排放量 = 5 577.322 5 t–3 798.759 4 t–1 721.12 t–55.001 t–2.385 t = 0.057 1 t = 57.1 kg

7.5.4 P 企业废水中锰排放量的确定

根据 3 种核算方法使用原则：物料衡算法、监测数据法核算的污染物排污量出现差异时：如两种方法核算的污染物产污量、排污量相对误差小于 20%，以监测数据法为准最终核定污染物排污量。

企业采用监测数据法中在线监测数据核算结果为最终核定锰排放量，该企业 2011 年废水中锰排放量为 15.36 kg。

本核算结果不确定性产生的原因包括以下几个方面：

一是缺乏完整性：无法获得验收监测数据、委托监测数据、企业自测数据监测结果及其他相关数据。

二是数据缺失：在现有条件下无法获得或者难以获得各种尾渣中锰含量相关数据，因而使用其他估算经验数据；由于市场价格原因，导致 1—3 月企业停产，监督监测数据为 3 次，不满足一年监测 4 次的要求。

三是数据缺乏代表性：因为锰产品的市场价格出现波动，导致企业未按设计生产能力生产。

第 8 章　重金属污染物排放量核算技术的实证研究

8.1　水口山地区排放量核查核算实证研究

8.1.1　湖南省常宁市水口山地区状况

8.1.1.1　区域重金属污染情况

衡阳水口山及周边地区主要包括常宁市境内的柏坊镇、松柏镇（水口山办事处），衡南县境内的松江地区，衡东县境内的衡东工业园以及石鼓区合江套地区，耒阳市灶市镇及其周边地区。位于湖南南部、湘江中游，有色金属资源丰富，铅、锌、铜、锡蕴藏量较大，有“世界铅都”和“中国铅锌工业的摇篮”之称。依托水口山有色金属集团公司和当地有色金属资源，境内有色金属采、选、冶、加工等产业蓬勃发展，并高度集中于水口山地区及隔河相望的衡南县松江地区；石鼓区合江套地区位于衡阳市城区北部，辖区内盐卤矿及有色金属资源丰富，盐化工和有色金属冶炼产业比较发达，是衡阳市的老化工基地，坐落于此的许多企业年代久远，生产设备陈旧、生产技术落后、污染物排放量大、环保设施滞后，超标排污现象十分严重，给区域环境造成了严重的污染；耒阳市灶市镇及其周边地区位于湖南省东南部、衡阳盆地南端，区内主要为铅铜有色金属冶炼，其次为锰铁合金冶炼行业。

8.1.1.2　水口山重点防控区情况

党中央、国务院高度重视我国重金属污染问题，于 2011 年批复的《规划》依据重金属产业集中程度和区域环境质量状况确定了 138 个重点区域，水口山及周边地区 475.5 km^2 为重点区域之一，并以化学原料及化学制品制造业、重有色金属冶炼业为主要防控行业，以铅、汞、镉、铬、砷 5 种重金属污染物为主要防控污染物，在 138 个重点区域中具有防控元素齐全、防控行业特点突出等极强的区域代表性。且湖南省作为《规划》确定的 14 个重点省份之一，重金属污染物排放量大，从 2007 年第一次全国污染源普查数据来看，水口山区域内 5 种重金属产生量占全省的 21.5%，位居全省第三；5 种重金属污染物排放量占全省的 48.37%，位居全省第一。因此选取该区域作为重金属污染物排放量核查核算实证研究具有典型性。

8.1.1.3 开展实证研究的企业选取

根据常宁市环境统计和污染源普查相关资料，结合本书编制的产排污系数表中所涉及的行业，常宁市水口山地区 2007 年可以列入本次核算范围的涉重金属企业名单如表 8-1 所示。

表 8-1 水口山地区 2007 年列入（废水、废气）重金属污染物排放量核算范围的企业名单

编号	企业名称
1	A
2	B
3	C
4	D
5	E
6	F
7	G
8	H
9	I
10	J
11	K
12	L
13	M
14	N
15	O
16	P

8.1.2　案例区废水中重金属污染物排放量核算

根据 2007 年第一次全国污染源普查数据及废水产排污系数表，将常宁市水口山地区涉重金属企业作为研究对象，以 2007 年重金属污染物排放量作为基数，计算 2011 年、2012 年、2013 年由于工业生产活动变化导致的重金属污染物排放变化量。

8.1.2.1　废水中重金属核算方法

计算过程中，一是选取第一次全国污染源普查数据作为基数，是由于我国重金属污染物排放量目前没有系统的统计，普查数据具有法律效力，翔实且有代表性。

二是主要选择产排污系数法而没有采用监测数据法计算历年的重金属污染物排放量，是因为产排污系数覆盖的行业较广，涉及的生产工艺较全面，而且是在搜集的同行业大量数据基础上得到的产污、排污量，能够切实反映行业排污水平同时满足重金属污染物排放量计算与统计的需要。使用监测数据法测算的引用顺序依次为连续稳定的在线监测数据、生态环境部门监督性监测数据、验收监测数据、企业自测数据。我国在重金属元素监测方面的工作还处于刚刚起步阶段，大部分企业未安装在线检测设备，或者即使安装了设备也由于无在线监测验收标准而迟迟未进行验收，而生态环境部门监督性监测数据间隔时间较长，在真实反映企业产污、排污情况方面还有待进一步加强，验收监测数据量小，不具有代表性，企业自测数据由于各企业间监测水平与频次不同，无法建立一个统一的系统进行排放量测算。综上所述，选取产排污系数法比监测数据法更贴近企业实际情况，且能够维持核算体系的完整性，监测数据法可以作为辅助方法对产排污系数法进行校核。

三是采用新增量与削减量相结合的重金属污染物排放变化量核算方法。理想状态下的行业重金属污染物排放量核算应采用全口径、全要素测算，但由于存在企业规模不一、数据缺失、基数未能纳入全部企业等问题，在现有数据基础及测算技术水平下实现全口径核算还有较大困难。因此，采取在 2007 年第一次全国污染源普查基数的基础上测算新增量、削减量的排放变化量，同时考虑重金属污染物排放的行业特点，采用项目法辅以宏观校核核算，是我国现有重金属环境统计状况下的最佳可行性方案。再经过《规划》实施考核几年时间的不断完善，逐步将涉重企业纳入统计系统，最终实现全口径核算。

核算中以新（改、扩）建企业（或生产线）、产能利用率变化企业（或生产线）、生产原材料发生变化项目为新增量计算重点，得到新增排放量；以落后产能淘汰、清洁生产、污染源综合治理等工程为削减量计算重点，得到新增削减量；再根据排放量核查核算方法计算 2011 年、2012 年、2013 年水口山地区废水中重金属污染物排放量，见表 8-2～表 8-5。

表 8-2　2007 年水口山地区列入本次核算范围的涉重金属企业排放量　单位：kg

编号	企业名称	所属行业	生产原料	主要产品	铅	汞	镉	铬	砷
1	A	铅锌冶炼	粗铅	电铅	5	—	1	—	1
2	B	铅锌冶炼	铅精矿	电铅	96	83	—	—	54
3	C	铅锌冶炼	粗铅	电铅	1 230	—	452	—	905
4	D	铅锌冶炼	锌精矿	电锌	3 845	—	5 066	—	6 490
5	E	铅锌矿采选	铅锌矿石	铅精矿	3 770	—	35	—	278
6	F	铅锌矿采选	铅锌矿石	铅精矿	293	0	2	—	14
7	N	铜冶炼	铜精矿	粗铜	3 544	—	3 672	—	2 882
8	O	铅锌冶炼	铅精矿	粗铅	4 306	—	464	—	1 340
9	P	铅锌冶炼	粗铅	电铅	2	—	0	—	0
10	M	铅锌冶炼	硫酸	氧化锌	1	—	1	1	—
11	合计				17 092	83	9 693	1	11 964

表 8-3　2011 年水口山地区企业重金属污染物排放量　单位：kg

项目	企业名称	铅	汞	镉	铬	砷	备注
2011 年新增	P	4.68	—	0.99	—	0.39	产量变化
新增量合计		4.68	—	0.99	—	0.39	—
2011 年削减	A	5.06	—	0.85	—	0.99	淘汰
	M	1.02	—	0.60	1.06	—	淘汰
	C	1 193.00	—	437.00	—	899.48	淘汰
削减量合计		1 199.08	0	438.45	1.06	900.47	—
净削减量合计		1 194.4	0	437.46	1.06	900.08	—
2011 年排放量		15 898.05	83.01	9 255.67	0.00	11 063.43	—

表 8-4　2012 年水口山地区企业重金属污染物排放量　单位：kg

项目	企业名称	铅	汞	镉	铬	砷	备注
2012 年新增	F	319.13	—	98.42	0.00	167.62	产量变化
	S	—	—	—	—	69.00	新建
	T	24.66	—	—	—	—	新建
	新增量合计	343.79	0.00	98.42	0.00	236.62	—
削减量合计		0	0	0	0	0	—
净削减量合计		–343.79	0.00	–98.42	0.00	–236.62	—
2012 年排放量		16 241.84	83.01	9 354.09	0.00	11 300.05	—

表 8-5　2013 年水口山地区企业重金属污染物排放量　单位：kg

项目	企业名称	铅	汞	镉	铬	砷	备注
2013 年新增	U	7.86	0.01	0.14	0.00	17.70	新建
	E	67.32	0.05	1.23	0.00	151.59	产量变化
新增量合计		75.18	0.06	1.38	0.00	169.29	—
削减量合计		0	0	0	0	0	—
净削减量合计		75.18	0.06	1.38	0	169.29	—
2013 年排放量		16 317.02	83.07	9 355.47	0.00	11 469.34	—

8.1.2.2 核算结果分析

由 2013 年与 2007 年重金属污染物排放量变化情况可知，水口山地区铅、镉、铬、砷（类金属）4 种重金属污染物均较 2007 年有所削减，汞元素由于产量变化导致重金属污染物排放量与 2007 年相比不降反升（表 8-6）。根据 2011 年原环境保护部印发的《规划》任务，水口山地区积极推进清洁生产、综合防治等项目实施，汞元素问题将得到解决，到“十二五”末，5 种重金属污染物排放量进一步削减。

表 8-6 水口山地区重金属污染物排放量变化情况 单位：kg

项目	铅	汞	镉	铬	砷
2007 年	17 092	83	9 693	1	11 964
2013 年	16 317.02	83.07	9 355.47	0	11 469.34
与 2007 年相比削减率/%	4.53	–0.08	3.48	100.00	4.13

另外，水口山地区的重金属污染物排放量核算采用项目法，未对其进行宏观量校核，是由于核算组掌握的产品产量统计数据未细化到地级市及县级市，地区排放量通过项目累加法得到。在核算各省（区、市）进而得到全国排放量时，需要对由项目累加法得到的排放量进行产品产量宏观校核，目的是校核各省（区、市）是否有偷报、漏报、瞒报项目新增量情况，最终实现产品产量变化趋势与项目累加法测算的排放量变化趋势一致，且根据宏观产品产量按照上年度排污强度测算的重金属污染物排放量与项目累加法得到的排放量相近或差异不大，在准确计算各省（区、市）排放量的基础上进而得到全国排放量。

8.1.3 案例区废气中重金属污染物排放量核算

经过验证，各行业企业废水中重金属污染物排放量核算方法成熟、有效，为将排放量测算扩大到废气范围，本书通过大量实验与监测数据得到废气中重金属污染物《产排污系数手册》，结合第一次全国污染源普查企业“四同”数据，计算得到 2007 年企业重金属污染物排放基数，在此基数上利用新增量、削减量的重金属污染物排放量核算方法计算水口山地区 2013 年废气中重金属污染物排放量。

8.1.3.1　核算企业选取

从 2007 年废水、废气核算企业名单中摘取有废气排放的企业如表 8-7 所示，结合本书编制的产排污系数表中所涉及的行业，常宁市水口山地区 2010 年、2013 年可以列入本次核算范围的涉重金属企业名单分别如表 8-8、表 8-9 所示。

表 8-7　2007 年水口山区域列入本次核算范围的涉重金属企业名单

编号	企业名称	主要产品	产量/t
1	A	电铅	2 209
2	B	电铅	200
3	C	电铅	73 332
4	D	电锌	63 015
5	E	铅精矿	20 755
6	F	铅精矿	1 279
7	G	氧化锌	2 000
8	H	氧化锌	2 000
9	I	氧化锌	1 000
10	J	氧化锌	2 000
11	K	氧化锌	350
12	L	氧化锌	2 000
13	M	氧化锌	2 000

表 8-8　2010 年水口山区域列入本次核算范围的涉重金属企业名单

编号	企业名称	主要产品	产量/t
1	V	粗铅	9 000
2	W	粗铅	9 000
3	X	粗铅	69 082
4	A	电铅	18 000
5	Y	电铅	61 417
6	Z	电锌	72 512
7	E	铅精矿	19 746

表 8-9 2013 年水口山区域列入本次核算范围的涉重金属企业名单

编号	企业名称	主要产品	产量/t
1	J	次氧化锌	6 000
2	X	粗铅	78 176
3	P	电铅	47 517
4	Y	电铅	65 854
5	Z	电锌	72 038
6	E	铅精矿	18 260
7	B	铜精矿	300
8	G	氧化锌	5 000

从表 8-7 和表 8-8 中可以看出，2007 年，水口山地区重金属企业数量多，小企业多，2010 年，由于小企业被关停并转，可列入本次核算范围的涉重金属企业维持在 7～8 家，产品以铅精矿、铜精矿、氧化锌、次氧化锌和电铅、电锌为主。

8.1.3.2 计算过程

本研究通过现场实测、物料衡算、类比分析等方法研究得到有色金属采选冶炼行业重金属的产排污系数，根据水口山地区产业结构特点，选取了部分行业烟气中重金属的产排污系数进行实证研究，实证的产排污系数见表 8-10。

根据水口山区域部分涉重金属企业 2007 年、2010 年、2013 年相关产品的产量信息和表 8-10 汇总的部分涉重金属行业烟气中重金属的产排污系数，计算得到水口山区域涉重金属企业废气中重金属污染物的年度核算排放量，结果如表 8-11～表 8-13 所示。

表 8-10　案例区应用的有色冶炼行业废气中污染物产排污系数

产品名称	原料名称	工艺名称	规模等级	污染物指标	单位	产污系数	末端治理技术名称	排污系数
铜精矿	铜矿石	坑采—磨浮	<600 t/d	粉尘	g/t-原矿	5 667	过滤式除尘	51
				汞		0.057		0.005 1
				镉		0.24		0.002 2
				铅		2.55		0.023
				砷		6.12		0.055
				铜		41.71		0.37
粗铅	铅精矿	烧结机—鼓风炉工艺	≥5 万 t/a	铅	g/t-粗铅	7 647	烟气制酸、过滤式除尘法	198.8
				锌		1 426		41.52
				镉		141.5		2.372
				砷		349.3		7.268
				汞		3.719		0.557
电解铅	铅精矿	烧结机—鼓风炉工艺—电解精炼	<5 万 t/a	铅	g/t-电解铅	9 750	烟气制酸、过滤式除尘法	265.5
				锌		1 838		61.86
				镉		162.5		3.77
				砷		382.8		8.897
				汞		4.334		0.782
粗铅	废铅泥、铅渣、氧化铅矿	鼓风炉工艺	各种规模	铅	g/t-粗铅	5 310	过滤式除尘法、湿法收尘	179.4
				锌		407.0		13.24
				镉		38.73		3.481
				砷		33.83		5.883
				汞		0.588		0.392

产品名称	原料名称	工艺名称	规模等级	污染物指标	单位	产污系数	末端治理技术名称	排污系数
电解铅	粗铅	粗铅精炼工艺	各种规模	铅	g/t-电解铅	581.7	过滤式除尘法	18.43
				锌		64.75		3.180
				镉		12.33		0.431
				砷		6.415		0.312
				汞		0.031		0.012
电解锌	锌精矿	湿法炼锌工艺	＜10 万 t/a	铅	g/t-电解锌	196.9	烟气制酸、过滤式除尘法	4.499
				锌		900.2		14.75
				镉		123.1		2.067
				砷		42.74		1.906
				汞		5.286		0.556
氧化锌（次氧化锌）	锌培砂（含锌烟尘、氧化锌矿、含锌废料）	电炉工艺或维氏炉还原挥发工艺或回转窑	各种规模	铅	g/t-氧化锌	356.3	过滤式除尘法	5.052
				锌		2 551		36.60
				镉		93.04		1.400
				砷		12.62		3.867
				汞		2.03		0.284
铅精矿、锌精矿	铅锌矿石	坑采—磨浮	＜600 t/d	粉尘	g/t-原矿	4 500	过滤式除尘法	50.62
				铅		80.4		2.53
				锌		117.33		4.26
				镉		8.19		0.23
				砷		21.09		0.69
				汞		2.64		0.09

表 8-11　2007 年水口山地区涉重金属企业废气中重金属污染物排放量

单位：kg

编号	企业名称	铅	锌	镉	砷	汞	粉尘
1	A	40.71	7.02	0.95	0.69	0.027	—
2	B	53.10	12.37	0.75	1.78	0.160	—
3	C	1 351.51	233.20	31.61	22.88	0.880	—
4	D	283.50	929.47	130.25	120.11	35.04	—
5	E	1 240.02	2 087.94	112.73	338.19	44.110	24 810.23
6	F	169.10	284.73	15.37	46.12	6.020	3 383.34
7	G	10.10	73.20	2.80	7.73	0.570	—
8	H	10.10	73.20	2.80	7.73	0.570	—
9	I	5.05	36.60	1.40	3.87	0.280	—
10	J	10.10	73.20	2.80	7.73	0.570	—
11	K	1.77	12.81	0.49	1.35	0.099	—
12	L	10.10	73.20	2.80	7.73	0.570	—
13	M	10.10	73.20	2.80	7.73	0.570	—
合计		3 195.26	3 970.14	307.55	573.64	89.466	28 193.57

表 8-12 2010 年水口山地区涉重金属企业废气中重金属污染物排放量

单位：kg

编号	企业名称	铅	锌	镉	砷	汞	粉尘
1	V	1 614.60	119.16	31.33	52.95	3.53	0.00
2	W	1 614.60	119.16	31.33	52.95	3.53	0.00
3	X	13 733.52	2 868.29	163.86	502.09	38.48	0.00
4	A	331.74	57.24	7.76	5.62	0.22	0.00
5	Y	1 131.92	195.31	26.47	19.16	0.74	0.00
6	Z	326.23	1 069.55	149.88	138.21	40.32	0.00
7	E	1 167.90	1 966.50	106.17	318.52	41.55	23 367.15
合计		19 920.51	6 395.21	516.80	1 089.5	128.37	23 367.15

表 8-13 2013 年水口山地区涉重金属企业废气中重金属污染物排放量

单位：kg

编号	企业名称	铅	锌	镉	砷	汞	铜	粉尘
1	J	30.31	219.60	8.40	23.20	1.70	0.00	0.00
2	X	15 541.37	3 245.86	185.43	568.18	43.54	0.00	0.00
3	P	875.74	151.10	20.48	14.83	0.57	0.00	0.00
4	Y	1 213.68	209.41	28.38	20.55	0.79	0.00	0.00
5	Z	324.10	1 062.56	148.90	137.30	40.05	0.00	0.00
6	E	1 079.96	1 818.43	98.18	294.53	38.42	0.00	21 607.75
7	B	0.18	0.00	0.02	0.44	0.00	2.96	408.00
8	G	25.26	183.00	7.00	19.34	1.42	0.00	0.00
合计		19 090.6	6 889.96	496.79	1 078.37	126.49	2.96	22 015.75

对比核算得到的水口山区域内涉重金属企业废气中重金属污染物的排放量，得到表 8-14。从表中可以看出，2007—2013 年，水口山区域重金属铅、镉、砷、汞、粉尘都呈下降趋势，锌污染物 2010 年达到最低值后 2013 年又略有增长，但总体上均呈下降趋势。

表 8-14 水口山地区涉重金属企业废气中重金属污染物排放量变化趋势 单位：kg

年度	铅	锌	镉	砷	汞	铜	粉尘
2007	3 195.26	3 970.14	307.55	574.64	89.47	—	28 193.57
2010	19 920.51	6 395.21	516.80	1 089.50	128.37	—	23 367.15
2013	19 090.60	6 889.96	496.79	1 078.37	126.49	2.96	22 015.75

8.2 典型省（区、市）排放量核查核算实证研究

在重金属污染物排放量核查核算国内外研究进展、核算框架、核算方法、区域实证研究的基础上，以重点区域、非重点区域行政区为核算单元，以 2007 年重点重金属污染物排放量作为核算基数，按照“基数固定、增量落地、减量查清”的原则，按照项目法测算新增量，力求产量变化和新增量落地，以工程为依托，逐一核实查清项目削减量，并将宏观产能校核作为基本考虑因素。核算各省（区、市）重金属污染物排放变化量，进而得到全国重金属污染物排放量。

典型省（区、市）重金属污染物排放量核算与水口山地区排放量核算的区别在于，增加了产品产量宏观量校核步骤，区域内全部上报企业的某类重金属污染物新增量通过项目法累加得到，又通过累加各区域数据得到各省（区、市）排放量。在省级层面上将国家掌握的宏观产品产量变化量统计数据与项目累加的产品产量变化数据进行对比，若二者差异较大，则应在校核重点行业新建企业、原有企业的产能变化基础上，分析产生差异的原因，查补增量项目，力求新增量和项目落地。查补项目后产品产量变化仍少于统计数据的，则漏报的产量按照全省上年该行业或产品排污强度宏观测算污染物新增量，以防止地方偷报、漏报项目现象的发生。

8.2.1 典型省（区、市）2013 年重金属污染物排放量上报情况

8.2.1.1 淘汰落后产能情况

根据地方上报情况，2012—2013 年淘汰涉水重金属落后产能项目 27 个，2007—2013 年淘汰涉气重金属落后产能项目 74 个，项目涵盖有色金属采选、冶炼、铅酸蓄电池制造等行业。重金属污染物削减量：铅 22 984.03 kg、汞 136.33 kg、镉 1 063.29 kg、砷 6 849.47 kg。

基数内企业淘汰项目 73 个，重金属污染物削减量：铅 22 256.08 kg、汞 132.14 kg、镉 953.49 kg、砷 6 529.77 kg；基数外企业淘汰项目 28 个，重金属污染物削减量：铅 727.95 kg、汞 2.19 kg、镉 109.8 kg、砷 319.7 kg。

8.2.1.2 重金属相关行业产品产量变化

2013 年典型省（区、市）主要涉重金属产品产量为全省（区、市）采选企业铜选矿含铜量 23.39 万 t、锌精矿含锌量 58.21 万 t、铅精矿含铅量 23.87 万 t、锡精矿含锡量 3.58 万 t，全省（区、市）冶炼企业铜 48.02 万 t、铅 49.76 万 t、锌 96.54 万 t、铝 93.65 万 t、锡 9.13 万 t、锑 3.12 万 t，铬盐 1.8 万 t、聚氯乙烯 25.87 万 t、火电量 478.47 万 kW·h。与 2007 年相比，2013 年铜选矿含铜量、锌精矿含锌量、锡精矿含锡量均有所减少，铅精矿含铅量以及铜、铅、锌、铝、锡、锑、铬盐和聚氯乙烯产量略有增加。

8.2.1.3 重金属污染物新增排放量变化情况

2013 年，典型省（区、市）重金属相关企业中共有 113 个（条）因生产设施生产负荷变化导致废水中重金属污染物排放变化的项目（生产线）。初步测算，涉水重点重金属污染物新增排放量为铅−442.37 kg、汞−15.94 kg、镉 27.89 kg、铬 4.24 kg、砷−600.77 kg。

2007—2012 年，全省（区、市）重金属相关企业中共有 104 个（条）因生产设施生产负荷变化导致废气中重金属污染物排放变化的项目（生产线）。初步测算，2012 年，涉气重点重金属污染物新增排放量为铅−6 709.53 kg、汞−36.20 kg、

镉–33.82 kg、铬–0.19 kg、砷–1 109.39 kg。2013 年，全省（区、市）重金属相关企业中共有 83 个（条）因生产设施生产负荷变化导致废气中重金属污染物排放变化的项目（生产线）。初步测算，2013 年，涉气重点重金属污染物新增排放量为铅–7 307.59 kg、汞 0.42 kg、镉 69.86 kg、砷 1 313.29 kg。

8.2.1.4　重金属污染物新增削减量变化情况

2013 年，典型省（区、市）涉水重点重金属污染物新增削减量为铅 4 000.31 kg、汞 20.32 kg、镉 715.37 kg、铬 39.6 kg、砷 2 618.64 kg。

2007—2012 年，涉气重点重金属污染物新增削减量为铅 12 115.15 kg、汞 59.65 kg、镉 206.75 kg、砷 1 591.02 kg。2013 年，涉气重点重金属污染物新增削减量为铅 6 880.04 kg、汞 56.71 kg、镉 142.25 kg、砷 3 070.43 kg。

8.2.1.5　重金属污染物净削减量变化情况

2013 年，典型省（区、市）涉水重点重金属污染物净削减量为铅 4 184.8 kg、汞 36.22 kg、镉 643.5 kg、铬 35.35 kg、砷 3 067.07 kg。

2007—2012 年，全省（区、市）涉气重点重金属污染物净削减量为铅 18 615.05 kg、汞 92.09 kg、镉 222.04 kg、铬 0.19 kg、砷 2 649.19 kg。2013 年，全省（区、市）涉气重点重金属污染物净削减量为铅 14 107.65 kg、汞 56.54 kg、镉 72.39 kg、砷 1 757.13 kg。

8.2.1.6　重金属污染物排放量情况

根据以上数据，得到 2013 年典型省（区、市）铅、汞、镉、铬、砷排放量分别为 146 690.3 kg、1 405.7 kg、368.7 kg、529.7 kg、41 671.6 kg。

8.2.2　典型省（区、市）2013 年重金属污染物排放量核查核算情况

8.2.2.1　重金属污染物新增排放量情况

（1）重点行业产品产量宏观校核情况

铅酸蓄电池行业：国家宏观数据 2013 年产量比 2012 年增加 49.33 万 kVA·h，

地方上报项目 2013 年产量比 2012 年增加了–5.02 万 kVA·h，尚有 54.35 万 kVA·h 未落地。经核实，该省 2012 年新增 YY 公司 2013 年产能为 117 万 kVA·h，未上报新增量项目，将新增铅酸电池产量落在该公司上。

铬盐行业：国家宏观数据 2013 年产量比 2012 年增加 13 616.5 t。地方上报新增量项目 2013 年产量比 2012 年增加 13 687.5 t。

聚氯乙烯行业：国家宏观数据 2013 年产量比 2012 年增加 12 126 t。地方上报新增量项目 2013 年产量比 2012 年增加 12 666 t。

铅锌冶炼行业：国家宏观数据 2013 年铅产量比 2012 年减少 60 463 t。地方上报新增量项目 2013 年产量比 2012 年减少 59 978 t。国家宏观数据 2013 年锌产量比 2012 年增加 113 955 t。地方上报新增量项目 2013 年产量比 2012 年增加 113 944 t。

铜冶炼行业：国家宏观数据 2013 年产量比 2012 年增加 30 983.35 t，地方上报项目 2013 年产量比 2012 年增加–15 708 t，尚有 46 691.85 t 铜产量未落地。经核实，ZZ 公司 2013 年产量为 47 673 t，未上报新增量项目，将新增铜产量落到该公司上。

锡冶炼行业：国家宏观数据 2013 年产量比 2012 年增加 4 112 t。地方上报新增量项目 2013 年产量比 2012 年增加 4 130 t。

镍冶炼行业：国家宏观数据 2013 年产量比 2012 年增加 196 t，地方未上报镍冶炼行业项目，尚有 196 t 镍产量未落地。2007 年第一次全国污染源普查中只有 WW 公司生产高冰镍，宏观增量落到该家企业。

锑冶炼行业：国家宏观数据 2013 年产量比 2012 年增加 8 721 t。地方上报新增量项目 2013 年产量比 2012 年增加 8 722 t。

铅锌采选行业:国家宏观数据 2013 年精矿含金属量产量比 2012 年增加 88 909 t，按 6%的品味折算原矿量增量为 1 481 820.5 t，上报 2 个新建项目和 1 个产量增加项目，原矿增量为 604 000 t，尚有 877 820.5 t 原矿量增量未落地，按全省平均排放强度落到非重点区域。

铜采选行业：国家宏观数据 2013 年产量比 2012 年减少 5 497.6 t。地方上报新增量项目 2013 年产量比 2012 年减少 5 472 t。

锡采选行业：国家宏观数据 2013 年产量比 2012 年增加 5 703.15 t。地方 2013

年仅上报了停产企业，未上报企业产品增量。将宏观产量增量形成的新增排放量落到非重点区域。

（2）废水中重金属污染物新增量情况

省（区、市）上报重金属污染物新增量与课题组核算认定情况对比见表 8-15。

表 8-15　省（区、市）自查上报与核算认定的废水重金属污染物新增量差异　单位：kg

项目	铅	汞	镉	铬	砷
自查上报	420.1	15.9	–27.8	–4.2	605.7
核算认定	1 751.7	2.7	82.1	–1.8	821.1

存在差异的原因：一是部分全年停产的项目因资料不全、宏观量增加等原因，未予认定；二是表中只核算了产能变化带来的新增量，污染治理设施变化引起的变化量未在削减量中核算；三是省（区、市）未计算宏观产量落地带来的变化量。

（3）废气中重金属污染物新增量情况

省（区、市）上报重金属污染物新增量与课题组核算认定情况对比见表 8-16。

表 8-16　省（区、市）自查上报与核算认定的废气重金属污染物新增量差异　单位：kg

项目	铅	汞	镉	铬	砷
自查上报	–6 527.8	38.5	182.2	0.0	1 563.9
核算认定	9 925.3	255.5	863.8	34.5	6 181.4

存在差异的原因：一是部分全年停产的项目因资料不全、宏观量增加等原因，未予认定；二是个别废气考核项目对应污染物排放系数选取不正确；三是省（区、市）未计算宏观产量落地带来的变化量。

8.2.2.2　重金属污染物新增削减量情况

（1）废水中重金属污染物新增削减量情况

省（区、市）上报重金属污染物新增削减量与课题组核算认定情况对比见表 8-17。

表 8-17 省（区、市）自查上报与核算认定的废水中重金属污染物削减量差异 单位：kg

项目	铅	汞	镉	铬	砷
自查上报	3 868.8	20.3	797.1	39.6	2 581.3
核算认定	3 689.99	19.58	666.43	0.00	2 320.99

存在差异的原因：一是部分淘汰项目因资料不全等原因，未予认定；二是在2013年12月关停的项目考核组未计算削减量，待2014年考核时再计算；三是个别项目重复填报削减量；四是部分工程项目由于运行不稳定等原因，未认定削减量。

（2）废气中重金属污染物新增削减量情况

省（区、市）上报重金属污染物新增削减量与课题组核算认定新增削减量对比见表8-18。

表 8-18 省（区、市）自查上报与核算认定的废气中重金属污染物削减量差异 单位：kg

项目	铅	汞	镉	铬	砷
自查上报	6 815.6	57.5	143.7	0.0	3 075.5
核算认定	14 915.42	127.81	375.37	0.00	2 916.78

存在差异的原因：一是部分淘汰项目因资料不全等原因，未予认定；二是在2013年12月关停的项目未计算削减量，待2014年考核时再计算；三是省（区、市）未计算2007—2012年的削减量。

8.2.2.3 2013年重金属污染物排放量情况

（1）废水中重金属污染物排放量变化情况（表8-19、表8-20）

表 8-19 核算认定的典型省（区、市）废水中重金属污染物净削减量 单位：kg

区域名称	2013年净削减量（与2012年相比）				
	铅	汞	镉	铬	砷
A	140.6	6.9	14.2	0.0	44.1
B	3 576.2	0.0	645.6	0.0	1 863.3
C	13.5	–0.2	5.1	–1.4	–4.6

区域名称	2013 年净削减量（与 2012 年相比）				
	铅	汞	镉	铬	砷
D	0.0	0.0	0.0	0.0	0.0
E	0.0	0.0	0.0	0.0	–2.3
F	53.5	0.0	17.1	0.0	161.6
G	0.0	0.0	0.0	0.0	0.0
H	–43.5	0.0	–0.6	0.0	–87.7
I	0.0	0.0	0.0	0.0	0.0
J	0.0	0.0	0.0	0.0	0.0
K	1.4	0.2	0.5	0.0	119.1
非重点区域	1 700.1	15.4	66.6	–0.4	1 048.6
合计	5 441.7	22.2	748.5	–1.8	3 142.1

表 8-20　核算认定的典型省（区、市）2013 年度废水中重金属污染物排放量

区域名称	2013 年排放量/kg					与 2012 年相比的净削减率/%				
	铅	汞	镉	铬	砷	铅	汞	镉	铬	砷
A	255.8	13.7	25.8	0.0	80.0	—	33.5	—	—	35.5
B	1 694.0	4.0	262.7	0.6	2 282.2	67.9	—	—	—	44.9
C	61.6	7.4	30.9	3.1	134.2	18.0	—	—	—	–3.5
D	215.8	2.7	13.4	5.4	128.1	0.0	—	—	—	0.0
E	4 435.9	4.9	2.0	0.0	49.1	0.0	—	—	—	–4.9
F	165.4	0.0	12.5	0.0	404.5	24.4	—	—	—	—
G	0.0	0.0	0.0	0.0	0.0	0.0	—	—	—	0.0
H	257.0	0.4	8.7	0.0	911.5	–20.4	—	—	—	–10.6
I	5.2	0.0	1.0	0.0	34.8	0.0	—	—	—	0.0
J	0.0	0.0	0.0	0.0	0.0	—	—	—	—	0.0
K	0.4	0.0	0.2	0.0	35.8	78.7	—	77.6	—	76.9
非重点区域	5 321.2	12.7	1 135.0	444.8	4 621.7	24.2	54.8	5.5	–0.1%	18.5
合计	12 412.3	45.8	1 492.2	453.9	8 681.9	30.5	32.6	33.4	–0.4%	26.6

（2）废气中重金属污染物排放量变化情况（表 8-21、表 8-22）

表 8-21 核算认定的典型省（区、市）废气中重金属污染物净削减量 单位：kg

区域名称	2013 年净削减量（与 2012 年相比）				
	铅	汞	镉	铬	砷
A	5.3	4.9	1.8	0.0	4.5
B	868.0	9.6	18.7	0.0	907.2
C	13 649.3	33.6	140.3	0.0	309.4
D	0.0	0.0	0.0	0.0	0.0
E	385.9	4.0	7.0	0.0	400.1
F	9.8	0.3	0.8	0.0	5.1
G	0.0	0.0	0.0	−53.2	0.0
H	−672.3	−15.9	−51.3	0.0	−153.9
I	0.0	0.0	0.0	0.0	0.0
J	0.0	0.0	0.0	0.0	0.0
K	12.6	0.3	1.2	0.0	30.1
非重点区域	−3 231.2	−131.3	−444.6	−4.3	−2 936.2
合计	11 027.4	−94.5	−326.1	−57.5	−1 433.7

表 8-22 核算认定的典型省（区、市）2013 年度废气中重金属污染物排放量

区域名称	2013 年排放量/kg					与 2012 年相比的净削减率/%				
	铅	汞	镉	铬	砷	铅	汞	镉	铬	砷
A	109.5	19.8	10.4	0.0	26.9	—	20.0	—	—	14.3
B	1 650.4	22.1	41.5	0.0	1 650.6	34.5	—	—	—	35.5
C	97 443.9	311.4	2 013.6	0.0	8 869.1	12.3	—	—	—	3.4
D	2 101.3	67.9	255.7	0.0	721.3	0.0	—	—	—	0.0
E	531.4	18.2	39.0	94.4	125.4	42.1	—	—	—	76.1
F	2 469.1	136.5	425.8	0.0	739.0	0.4	—	—	—	—
G	25.8	7.1	7.7	76.2	19.4	0.0	—	—	—	0.0
H	5 944.6	217.3	616.4	0.0	1 995.8	−12.8	—	—	—	−8.4
I	43.3	1.2	3.5	0.0	45.3	0.0	—	—	—	0.0
J	273.2	16.8	64.1	0.0	319.9	—	—	—	—	0.0
K	1 425.5	16.1	31.6	0.0	1 504.0	0.9	—	3.7	—	2.0
非重点区域	46 039.9	918.5	3 120.1	22.7	24 268.9	−7.5	−16.7	−16.6	−23.1	−13.8
合计	158 057.8	1 753.1	6 629.4	193.3	40 285.5	6.5	−5.7	−5.2	−42.3	−3.7

（3）各区域重金属污染物排放量变化情况（表 8-23、表 8-24）

表 8-23　核算认定的典型省（区、市）重金属污染物净削减量　单位：kg

区域名称	2013 年净削减量（与 2012 年相比）				
	铅	汞	镉	铬	砷
A	145.9	11.9	16.0	0.0	48.6
B	4 444.2	9.6	664.2	0.0	2 770.5
C	13 662.8	33.4	145.4	−1.4	304.8
D	0.0	0.0	0.0	0.0	0.0
E	385.8	4.0	7.0	0.0	397.8
F	63.3	0.4	18.0	0.0	166.7
G	0.0	0.0	0.0	−53.2	0.0
H	−715.8	−15.9	−51.9	0.0	−241.6
I	0.0	0.0	0.0	0.0	0.0
J	0.0	0.0	0.0	0.0	0.0
K	14.0	0.4	1.7	0.0	149.2
非重点区域	−1 531.1	−115.9	−377.9	−4.6	−1 887.5
合计	16 469.2	−72.1	422.5	−59.2	1 708.4

表 8-24　核算认定的典型省（区、市）2013 年度重金属污染物排放量

区域名称	2013 年排放量/kg					与 2012 年相比的净削减率/%				
	铅	汞	镉	铬	砷	铅	汞	镉	铬	砷
A	365.3	33.6	36.1	0.0	106.9	—	26.1	—	—	31.2
B	3 344.4	26.2	304.2	0.6	3 932.8	57.1	—	—	—	41.3
C	97 505.6	318.8	2 044.6	3.1	9 003.3	12.3	—	—	—	3.3
D	2 317.1	70.5	269.0	5.4	849.4	0.0	—	—	—	0.0
E	4 967.4	23.2	41.1	94.4	174.5	7.2	—	—	—	69.5
F	2 634.4	136.5	438.3	0.0	1 143.5	2.3	—	—	—	—
G	25.8	7.1	7.7	76.2	19.4	0.0	—	—	—	0.0
H	6 201.6	217.7	625.1	0.0	2 907.3	−13.0	—	—	—	−9.1
I	48.5	1.3	4.5	0.0	80.1	0.0	—	—	—	0.0
J	273.2	16.8	64.2	0.0	319.9	—	—	—	—	0.0
K	1 425.8	16.2	31.8	0.0	1 539.8	1.0	—	5.2	—	8.8
非重点区域	51 361.1	931.2	4 255.1	467.5	28 890.6	−3.1	−14.2	−9.7	−1.0	−7.0
合计	170 470.2	1 799.0	8 121.7	647.3	48 967.5	8.8	−4.2	4.9	−10.1	3.4

最终典型省（区、市）2013 年度重金属污染物排放量核算结果与典型省（区、市）上报结果铅、汞、镉、铬、砷分别为 146 690.3 kg、1 405.7 kg、368.7 kg、529.7 kg、41 671.6 kg，均大于省（区、市）上报结果，分别多出 23 779.8 kg、393.3 kg、753 kg、117.6 kg、7 295.9 kg（表 8-25）。通过行业产品产量宏观测算，可以有效防止地方瞒报、漏报的行为，大幅提高排放量核算的准确度。

表 8-25 省（区、市）自查上报与核算认定的重金属污染物排放量差异 单位：kg

项目	铅	汞	镉	铬	砷
自查上报	146 690.3	1 405.7	368.7	529.7	41 671.6
核算发现的增量	23 779.8	393.3	753	117.6	7 295.9

8.3 实证研究主要结论

8.3.1 主要发现

一是采用本书新增量、削减量的重金属污染物排放量核算方法对典型区域与典型省域范围两个层面的重金属污染物排放量进行测算，除发现一些在具体核算过程中的问题并做系统总结、梳理外（见 8.3.2 节），还发现区域层面与省级层面重金属污染物排放量测算存在的差别，区域测算需要对每个项目新增量、削减量、净削减量的重金属污染物排放变化量进行测算，是构成各省乃至全国排放量的基础单元，需要对各个项目“四同”、系数选取、效率认定等认真斟酌，而基于区域、省（区、市）等的全国范围内的排放量核算，要在项目测算法基础上辅以宏观量校核，在更大尺度上确保真实反映重金属污染物排放情况。

二是由于我国重金属核算工作刚刚起步，各地基础薄弱，基数不清，企业、项目缺报、漏报等现象时有发生，课题组采用新增排放量、新增削减量等排放变化量结合 2007 年第一次全国污染源普查基数计算重金属污染物排放量即是基于初步建立重金属污染物排放量核算体系考虑，下一步需要将工作不断细化完善，对铅锌冶炼、铜冶炼、铅蓄电池制造、皮革及其制品制造、电石法聚氯乙烯制造、铬盐生产行业实行新增量全口径核算，即使上述行业企业年度产品产量无变化，也要求将企业信息列入新增量核算清单中，以实现逐步完善核算体系的目的。

三是产品产量宏观校核在核算中起到非常重要的作用，在核算研究中发现各地上报企业因生产负荷下降造成的重金属污染物排放量减少情况较多，导致很多区域普遍出现重金属元素新增量为负值的情况。这种情况通过对全省主要产品产量宏观校核的方法进行综合平衡，从宏观上保证重点行业生产变化与重金属污染物排放量变化匹配一致，减少瞒报、漏报、只报产量减少不报增加等现象对新增量核算的影响。但对部分行业，如电镀，统计单位差异大，缺少宏观统计数据，导致电镀产品重金属新增量变化难以从宏观产量予以有效校核。因此，继续保持宏观校核方法并做好与电镀等规模分散型行业协会数据的衔接成为下一步工作的重点。

四是我国重金属污染防治与数据统计基础薄弱，各地依然存在基数不清的问题且重金属污染物排放增量的压力仍然较大。各地对涉重金属行业企业整体排放情况尚未完全摸清，各地掌握重金属实际排放情况和污染状况的准确性较差，部分行业和产品没有产排污系数，已有的监测数据难以有效支撑新增量和削减量核算；排放量下降受主要涉重金属行业形势低迷影响大，造成大批企业停产或开工不足导致排放减少，但属于被动削减，可控性差、易反弹。部分省（区、市）完成排放量控制目标面临很大挑战。因此，下一步应不断完善基数统计并关注重金属污染物减排措施。

8.3.2　具体问题和解决思路

在案例研究与实际测算中，各地区与企业遇到一些具体问题，如何应用本技术方法，本节进行了总结与归纳，常见的问题包括：

一是没有对应产排污系数的新建企业，如何核算新增量的问题？没有对应的产排污系数的新建企业或生产线，核算新增量时与同行业进行类比核算，或者按照监测数据核算新增量，监测数据选取顺序依次为连续稳定的在线监测数据、生态环境部门监督性监测数据、验收监测数据、企业自测数据。

二是产能利用率发生变化的企业，新增量主要采用何种方法测算？产能利用率变化企业（或生产线），无论产能增加还是减少（产能减少是核算负的新增量），新增量均可根据产品变化量和该企业在污染源普查中（或前两年考核确定的）产品排放强度测算新增量。不在污染源普查中的企业，参照新建企业处理，新增量按照企业（或生产线）所属行业、生产工艺、规模、产品、污染处理设施工艺选取对应的重金属产排污系数和考核年产品产量测算新增量。特例说明：如果某企业2007年第一次全国污染源普查中重点重金属污染物排放量为零，现在不涉及工艺和生产线改变的情况下产能增加，则新增排放量为零。

三是如原材料发生变化，重点重金属含量增加或减少是否可以测算新增量？原材料发生变化，重点重金属含量增加或减少（包括原材料发生变化后不涉及重点重金属的情况）可以核算新增量，但是核查过程更严格，特别是重金属减少或不涉及重金属的情况，一定要提供原材料的一系列数据，包括进货单、原材料重金属元素分析数据、污染物排放监测数据，原材料使用量要与产品产量相对应，然后可以按增加或减少的比例来核算新增量。

四是淘汰企业新增削减量如何核算？大致分为3种情况：①如果淘汰企业（或生产线）在2007年第一次全国污染源普查基数范围内，则新增削减量即为污染源普查对应排放量数据；②如果淘汰企业在2007年第一次全国污染源普查基数范围外，在2007年之前建立，则新增削减量采用产排污系数类比测算方法，现阶段没有产排污系数的可按照达标排放浓度测算削减量；③如果淘汰企业在2008年之后建立，且在2007年第一次全国污染源普查基数范围外，则新增削减量为此前考核年度认定的排放量。

五是如企业涉及场地搬迁和工艺改进，如何测算排放变化量？原来（搬迁前）的企业按照淘汰企业类型核算新增削减量，搬迁后改进工艺的企业按照新项目核算新增量，分别在新增量报表和新增削减量报表中填写相应信息，需要分别作新增量和新增削减量的说明和台账。

六是如电镀企业搬迁入园，建立集中污水处理厂的项目，如何测算排放量？搬迁入园的新厂作为新建项目采用产排污系数方法核算新增量，污水处理厂再整体核算新增削减量。搬迁前在原厂作为全厂淘汰项目核算新增削减量。

第 9 章　政策建议

9.1　当前重金属污染物排放量控制政策建议

重金属污染危害大、治理成本高，近年来，我国在长期的矿产开采、加工以及工业化进程中累积形成的重金属污染逐渐显现，污染事件呈多发态势，对生态环境和群众健康构成了严重威胁，受到党中央、国务院的高度重视。“十二五”以来，以《规划》实施推动重金属污染防治工作，重金属污染事件逐年减少、重金属污染物排放量得到削减、生产工艺与治理设施水平不断提高，但环境质量改善效果不明显、风险防控体系尚未建立、历史遗留问题有待进一步解决。

目前，我国重金属污染物排放量削减情况呈现出总体向好但削减程度不一，汞元素和部分省（区、市）不降反升的状态，因此需要以一区一策、分区指导原则为导向，加强对汞元素及部分不降反升省（区、市）的重金属污染物排放量削减控制。

9.1.1　重金属污染物排放量控制存在的问题

9.1.1.1　重金属新增排放压力大

截至目前，重金属污染物排放量总量较 2007 年有所下降，但排放量下降受主要涉重金属行业经济形势低迷影响较大，造成大批企业停产或开工不足的现象，导致排放量减少，属于被动削减，可控性差，产能居高不下，很容易由于市场再次繁荣致使产能恢复甚至大幅提升，导致重金属污染物排放量反弹现象发生；同时，仍有部分省（区、市）排放量控制挑战很大，如内蒙古按照打造国家有色金属生产加工基地这一战略定位和部署，有色金属行业发展呈刚性持续快速增长态势；全国汞元素由于基数小，汞触媒高改低未进行完全，产能稍微扩大就会带来排放量的逆势增长，造成不降反升的局面；另外，燃煤电厂等非重点行业汞产量、排放量较大，但未纳入重点行业进行排放量管控，汞元素排放量控制前路艰辛；涉重金属产业存在跨省、跨区域转移，一些中西部地区“你淘汰我接收”的现象比较突出，致使非重点区域重金属污染控制压力增大。

9.1.1.2 重金属削减潜力有限

落后产能淘汰带来的“结构性减排”，以及铅酸蓄电池行业、电镀行业大力整治后形成的铅、铬重金属削减的“工程减排”，是使 5 种重金属污染物排放量之和总体下降的主要原因，但清洁生产、污染源综合治理等项目带来的排放量削减潜力有限，容易形成排放量控制后劲不足、成效不明显的局面；其他重金属污染物，如湖南部分地区的镍、锌、锑、锰，云南、西藏部分地区的铜、锌以及贵州的锑等重金属，通过产业结构调整、提标改造等措施，在排放量控制上卓有成效，如湘西自治州出台了《关于进一步加快推进锰、锌冶炼企业整合的意见》，加大重金属污染物排放量削减，但这些重金属污染物并未列入相关《规划》考核、统计范畴，工作成果未能体现在削减量上，造成地方生态环境部门工作积极性不高等问题。

9.1.1.3 区域重金属污染物排放量控制不均衡问题突出

根据《规划》考核结果，出现三个“不降反升”。分别是部分重点区域重点重金属污染物排放量、部分重点区域 5 种防控重金属污染物排放量之和、部分省非重点区域 5 种防控重金属污染物排放量之和与 2007 年相比不降反升。分析原因，一是基数小，近几年产业发展中的新增项目导致排放量成倍数增加；二是统计部门产品产量数据虚高，大块的宏观落地排放量无法落实到具体企业，只能按比例分摊到重点区域或非重点区域，无形中增加了排放量控制难度；三是部分地区不加节制发展本土优势产业，如广西沿海地区发展资源进口加工型产业，新增一批大型有色金属企业并在 2007 年以后陆续投产。

9.1.1.4　涉重金属企业环境管理不到位，主体责任不落实

涉重金属企业稳定达标排放情况不乐观，安全防护距离、厂务（环境信息）公开、环境风险防控和环境应急等方面未严格遵守相关规定，涉重企业清洁生产水平参差不齐，重金属污染物排放自行监测制度不健全，企业在线监测安装工作推进缓慢。大部分企业重金属污染物排放量削减的主要原因是产品产量的减少、可控性差、工程减排能力不足，生产工艺水平和末端治理设施水平不高。企业环境污染防治责任落实的政策制度抓手单一、行业全过程监管与污染损害鉴定赔偿制度不健全、企业环境成本外在化，守法成本高、违法成本低等问题依然突出。企业台账管理不规范，向统计部门与生态环境部门上报的数据不一致问题一直存在。

9.1.1.5　环境与健康风险防控体系尚未建立

突发污染事件次数虽有明显下降，但风险防范形势总体仍十分严峻，重金属环境风险防控体系缺乏政策与资金支持，导致体系建设虚高架空、无抓手，无法落地。突发事故风险、生态环境风险、人体健康风险对环境及社会均会造成恶劣影响，但三者之间缺乏响应关系，亟须建立各部分之间联防联控的策略和措施。由于重金属污染物的长期性、累积性、潜伏性和不可逆性等特点，最终污染物往往在固体废物中聚集，含重金属的危险固体废物、重金属污染场地、废弃矿山、超标河道底泥淤等重金属历史遗留问题对生态、环境、人群造成较大的风险，亟待解决。

9.1.2　重金属污染物排放量控制政策建议

9.1.2.1　从源头控制重金属新增排放过快增长

开展电石法聚氯乙烯等涉重金属行业环保核查与行业准入核查，要求电石法聚氯乙烯生产企业低汞触媒全部替代高汞触媒；积极推动出台铅酸蓄电池回收利用管理办法，完善生产者责任延伸制度模式，研究推进铅酸蓄电池回收基金制度；全面加强涉重金属行业排放控制，鼓励企业积极引进国内外先进生产与治理工艺，

组织开展有钙焙烧生产工艺淘汰、亚熔盐液相氧化法行动。

鼓励各省（区、市）根据环境质量目标和涉重金属行业发展现状，制定、实施更严格的地方污染物排放标准和环境准入标准。如广东省要求珠江三角洲地区电镀行业执行《电镀污染物排放标准》（GB 21900—2008）水污染物特别排放限值。推进建立行业准入与扶持政策衔接机制，原则上只对符合环保核查要求、列入行业准入名单的再生铅企业给予增值税优惠政策。

建议将重金属污染物排放量较大、缺少核算产排污系数、无组织排放问题突出的电镀行业纳入国家发改委印发的《产业结构调整指导目录（2019 年）》限制类行业中，控制行业产量与生产规模，倒逼企业生产工艺与处理设施升级改造，减少重金属污染物的排放。

9.1.2.2 落实企业主体责任，加强涉重行业管理

建议国家和地方尽快出台水、大气重金属污染源在线监测系统验收技术规范，建立重点企业重金属污染物排放自行监测制度，提高企业在线监测水平并加快与当地生态环境部门联网，定期公布污染物排放及周边环境质量监测结果。各地做好重金属污染源排查，加强重金属污染源排放清单管理与台账管理，逐步解决“十二五”期间底数不清问题。

按照政府引导与市场推动相结合的原则，大力推进重点重金属企业环境污染强制责任保险制度的落实和成效，推进涉重金属企业环境信用分级、环境风险排查管理。研究建立重金属污染物排放企业“领跑者”制度，制定重金属排污强度“领跑者”标准、鼓励/惩罚措施、“领跑者”企业动态管理措施等配套政策，组织开展“领跑者”制度试点。

以“进园、提升、淘汰”为主要手段，进一步推动电镀、制革等行业园区化、专业化发展，严格安全防护距离、清洁生产和危险废物规范化管理。涉重企业应完成环境风险隐患排查，落实环境应急预案编制，强化风险防控顶层设计，建立涉重金属企业污染责任终身追究制度及信息公开制度。

9.1.2.3 强化汞元素减排与不降反升区域重金属减排

对汞元素排放量居高不下的情况，建议明确产汞主要行业，选取无汞原料、

无汞工艺替代，引进国内外先进技术用以削减汞排放量；建议对燃煤电厂逐步开展重金属污染物排放量测算及控制，并将该行业纳入重金属污染重点行业管理。对与 2007 年相比排放量不降反升的省（区、市），需要进一步明确削减任务、方法与路径，对排放量不降反升的省份采取分省分策的方法，查找排放量逆势增长原因，通过严把环评审批，实现总量控制，推动落后产能淘汰以实现“结构性减排”效果，加强行业整治以形成重金属削减的“工程减排”，进而推进 5 种重金属污染物排放量之和总体下降。

9.2　中长期重金属污染防治建议

近年来，长期工业化过程中累计的重金属污染问题日益凸显，受到党中央、国务院高度重视。为加强重金属污染防治工作，国务院于 2011 年 2 月批复了《规划》。这是我国重金属污染综合防治的第一部国家级规划。《规划》建立了“重点防控元素+重点防控区域+重点防控行业+重点防控企业”的重金属污染综合防治工作思路，有效地推动了我国重金属污染综合防治工作。《规划》实施以来，重金属污染物排放量得到有效控制，全国共淘汰铜冶炼 288 万 t、铅冶炼 381 万 t、锌冶炼 86 万 t、制革 3 471 万标张、铅蓄电池 9 622 万 kVA 时，15 个省堆存半个世纪的 670 余万 t 铬渣全部处置完毕。但我国重金属污染防治仍然存在排放总量处于高位、涉重金属企业管理有待加强等问题，需要在中长期持续加强重金属污染防治。

9.2.1　重金属污染防治存在的问题

尽管重金属污染防治工作不断加强，取得了一定成效，但由于长期累积形成的污染问题复杂、治理难度大，加之工作基础薄弱、技术支撑不足等原因，我国重金属污染综合防治仍面临很多问题。

（1）重金属污染物排放总量仍处于高位水平，累积性环境风险问题突出

重金属污染物排放总量仍比较大，布局性、累积性环境风险隐患大。近年来中西部地区依托资源优势，有色工业快速发展带来的环境问题逐步凸显。

（2）主要涉重金属行业发展越过峰值进入平台期，但区域间差异大，治理任

务和工作重点差别大

区域发展差异明显。不同地区产业有退有进，排放此消彼长，增量污染控制与历史遗留治理并存。

（3）企业环境管理仍是薄弱环节，管理不到位，企业主体责任不落实问题突出

企业稳定达标排放、无组织排放管理、强制清洁生产等仍存在较多问题，风险评估、事故应急、损害赔偿、信息公开等落实企业责任主体的制度政策尚不健全。

（4）行政管理手段单一，技术产业支撑不足

重金属污染防治过于依赖行政手段，长效工作机制不完善，环境经济政策不完善。控新手段不足，污染控制依赖末端治理。技术研发、产业支撑能力不足，标准规范不健全。

（5）重金属污染治理状况尚不能与环境质量改善挂钩，无法满足对环境质量改善的期待

污染基础底数掌握不够，重金属污染分布和污染程度不清楚，仍不能摆脱“说不清”状况。现有环境监测点位不能有效地反映区域性重金属污染状况，监测标准体系规范不完善。

（6）有限的资金投入仍是重金属污染防治最大的制约因素之一

由于历史欠账多、重金属污染治理任务重，治理资金需求量大与投入不足的矛盾十分突出。资金投入模式单一，依赖财政投入和企业投入，社会投入机制政策不完善。

9.2.2 中长期重金属污染防治工作思路

（1）源头预防，全程管理

加强环境风险源头预防，在生产环节防控向源头物质防控和后端的流通、消费、储存、运输、废弃处置环节进行全生命周期延伸，建立全过程防控体系。

（2）突出重点，分类指导

强化重点区域、重点行业和重点企业管理，按照“一区一策、分区指导”的原则，不同类型重点区域采取针对性防控对策（模式），提出相关配套政策。

（3）深化治污，改善质量

继续实施重点行业重金属污染物排放量削减，控新治旧，持续开展区域综合整治，力争在一些有条件区域率先实现环境质量改善，环境风险水平、历史遗留等问题得到有效解决。

（4）协同增效，长效管理

注重发挥大气、水、土壤污染防治行动计划以及主要污染物减排的污染协同控制作用，加强与汞公约实施和化学品环境管理实施统筹衔接，加强长效政策制度建设，夯实环境管理和风险防控基础，建立长效监管体系。

9.2.3　加强重金属污染防治对策建议

（1）构建全过程风险防控体系

严格源头防控、深化过程监管、强化事后追责，努力将环境风险防范纳入常规环境管理，使环境风险管控与经济社会可接受水平相适应，守住底线，杜绝重特大涉重金属环境事件发生。

（2）强化以治理效果为导向的重点区域分类综合管理

继续坚持重点防控区域和重点防控企业这两个防控对象的思路，并在总结综合防治经验的基础上，以突出实际成效为目标，找准区域问题，坚持问题导向，明确阶段工作定位，制定区域分阶段目标任务，突出重点，持续推进，切实在一些有条件的重点区域率先实现环境质量的改善。

（3）强化重点行业污染治理的统筹考虑和综合管理

聚焦行业，从区域排放量控制向强化重点行业排放量控制转变，促进行业布局优化和转型升级。涉重产业在一些地方发展过快、布局不尽合理（如环境敏感区，以及产业无序扩散和转移等）给重金属防控的成效性造成较大威胁。未来需要在促进产业发展优化协调发展的基础上，明确提出遏制重金属相关行业过快增长、重点地区总量控制、环境空间管控、优化产业布局等要求。

（4）探索构建全生命周期环境管理体系

根据国内汞污染防治和《关于汞的水俣公约》履约要求，以构建覆盖汞的全生命周期、全过程风险防控环境管理体系为目标，以汞有意使用全生命周期管理和无意排放全过程管理为主线，全面推进汞环境管理。加强履约能力建设，建立汞污染防治机构、技术、资金保障机制。强化各项政策制度的有机联系，并将全过程管理要求融入未来铅、镉、铬、砷等相关行业的管控要求中，从全生命周期防控要求出发，健全完善重金属管理政策，探索覆盖生产、流通、使用、消费、储存、处置环节的全生命周期管理体系。加强污染场地和危险废物管理，消除风险隐患。

（5）完善涉重金属企业环境管理制度体系

遵循《中华人民共和国环境保护法》等规定，完善涉重金属企业环境管理制度体系，加强企业监管，落实企业主体责任，如实申报、自我举证、信息公开、公众参与。管理—工程—过程性等多种手段并用，推进企业治理和行业综合整治、加强对重金属污染物排放企业的环境监测与执法监管。

（6）夯实重金属环境管理工作基础

加强基础调查，完善国家和各省（区、市）等不同层面重金属防控区域和企业基础数据、信息系统的建设。构建重点区域重金属专项监测网络，从“十二五”常规污染物断面开展重金属监测的基本要求转变为受纳环境质量和企业周边环境质量相结合的监测体系建设，结合重金属污染源的分布、重金属环境敏感点的分布等，有针对性地构建重金属环境质量监测体系。

附录　工业企业重金属污染物排放量核算技术指南

为落实《规划》“到 2015 年，重点区域重点重金属污染物排放量比 2007 年减少 15%，非重点区域重点重金属污染物排放量不超过 2007 年水平”要求，科学、有效地核算各地区重金属污染物排放量变化情况，为重金属污染防治管理提供技术支撑，制定本技术指南。

本方法给出了重金属污染物排放量核算的一般性原则、内容、程序、方法和要求。

本方法适用于各地区对区域内涉重金属项目或生产线重金属污染物排放量绝对量和相对量的核算。绝对量主要包括核算污染源和区域的重金属污染物排放量，相对量主要是核算当年排放量与上一年排放量相比的变化量。

本方法将企业重金属污染物排放量分为新增量和新增削减量两个方面分别进行核算。在核算基数固定的前提下，通过新增量和削减量的变化来测算重金属污染物排放量。重金属污染物新增排放量是指与上年同期相比，由于工业生产活动增加导致的重金属污染物排放增加量；重金属污染物新增削减量是指与上年同期相比，通过实施落后产能淘汰、清洁生产、污染源综合治理等工程措施，形成的连续稳定、可核证的重点重金属污染物削减量。

1　适用范围

本方法给出了重金属污染物排放量核算的一般性原则、内容、程序、方法和要求，适用于全国、各省（区、市）重点区域和非重点区域内涉重金属项目或生产线重金属污染物排放量绝对量和相对量的核算。具体包括新（改、扩）建重金属相关项目或生产线以及生产设施生产负荷变化项目（生产线）的重金属污染物新增排放量核算，以及污染源淘汰和污染防治项目的重金属污染物削减量核算。

2 规范性引用文件

本方法引用下列文件中的规定或条款，凡是未注明日期的，其最新的有效版本适用于本方法。

GB/T 4754—2011 国民经济行业分类与代码；

第一次全国污染源普查工业污染源产排污系数手册；

《国务院关于重金属污染综合防治“十二五”规划的批复》(国函〔2011〕13 号)。

3 术语和定义

下列术语或定义适用于本方法。

3.1 重金属污染物

《规划》确定的重点防控的重金属污染物，包括铅（Pb）、汞（Hg）、镉（Cd）、铬（Cr）和类金属砷（As）等，兼顾镍（Ni）、铜（Cu）、锌（Zn）、银（Ag）、钒（V）、锰（Mn）、钴（Co）、铊（Tl）、锑（Sb）等其他重金属污染物。不考虑重金属存在价态的影响。

3.2 核算元素

《规划》确定的重点防控的重金属污染物，包括铅（Pb）、汞（Hg）、镉（Cd）、铬（Cr）和类金属砷（As）等，兼顾镍（Ni）、铜（Cu）、锌（Zn）、银（Ag）、钒（V）、锰（Mn）、钴（Co）、铊（Tl）、锑（Sb）等其他重金属污染物。不考虑重金属存在价态的影响。

3.3 核算基数

废水中重金属污染物排放量基数采用 2007 年第一次全国污染源普查数据，为全口径数据，包括企业规模、生产工艺、废水处理工艺、废水中重金属产生量和排放量、重点区域主要重金属产生量和排放量等、区域内各行业主要重金属污染物排放量等；废气重金属污染物排放量基数采用原则由各省根据考核细则测算，辅以国家核查核算和重点行业校核确定。基于重金属污染物排放污染源、全国涉重金属风险排查数据、涉重金属行业规模产品产量等数据，通过产排污系数法进行测算得出。

3.4 核算行业

排放量核算以重金属污染物排放量分布集中的几个行业为核算重点，包括有色金属矿采选业、有色金属冶炼业、皮革及其制品业、铅酸蓄电池制造业和化学原料及化学制品制造业。不同行业的企业排放的重金属污染物种类不同，排放量核算需要根据重金属污染物种类分别核算。排放重点重金属污染物的社会源和生活源原则上不纳入考核范围。

3.5 核算区域

核算的重点区域为《规划》中划定的重点防控区域，均为重金属污染物排放相对集中的地区，包括涉重产业密集地区或环境质量严重恶化区域，范围边界落实至乡镇（或矿区、工业园区等)，其次是连片的重点防控区以及超过区县层次的重点防控区。重点区域按照区域所在县（市、区）行政区进行核算，重点区域跨两个或两个以上县（市、区）的，原则上每个县（市、区）均按照该重点区域削减比例要求进行核算。

核算的非重点区域的范围在《规划》中并没有明确定义其空间范围。从环境管理角度考虑，为了有效落实重金属污染物排放量控制的目标，需要将排放量控制任务落实责任主体和实施主体。将各省（区、市）辖区内全部重点区域相应县（市、区）外的其他所有地区作为一个非重点区域进行整体核算。

3.6 新增量

重金属污染物新增量，指核算年度与上年同期相比，由于工业生产活动变化导致的重金属污染物排放变化量。生产设施生产负荷变化的项目（生产线）的重金属污染物新增排放量。第一类是由于新（改、扩）建项目的实施带来的污染物新增量；第二类是由于企业生产负荷的变化造成的污染物排放量变化，既包括生产负荷变大产生的排放量增加值，也包括生产负荷变小导致的排放量减少值；第三类是由于原材料发生变化，但是生产设施和生产工艺未发生根本变动的企业。

3.7 新增削减量

重金属污染物新增削减量是指核算年度与上年同期相比，通过实施落后产能淘汰、清洁生产、污染源综合治理等工程措施，形成的连续稳定、可核证的重点重金属污染物削减量。

3.8 产污系数

污染物产生系数，指在典型工矿生产条件下，生产单位产品（或使用单位生产原料等）所产生的污染物量。

3.9 排污系数

污染物排放系数，指在典型工况生产条件下，生产单位产品（或使用单位生产原料等）所产生的污染物经末端治理实施削减后的残余量，或生产单位产品（或使用单位生产原料等）直接排放到环境中的污染物量。当污染物未经处理直排时，排污系数与产污系数相同。

3.10 生产规模（生产能力）

重金属相关项目或生产线生产产品的全部设备（包括主要生产设备、辅助生产设备、起重运输设备、动力设备及有关的厂房和生产用建筑物等）在原材料、燃料动力供应充分，劳动力配备合理，设备正常运转的条件下，可能达到的年生产量；或生产设备在单位时间内可能生产的产品数量。

3.11 试生产时间

重金属相关项目或生产线投入试运行的时间，若有试运行申请的，以申请批复试运行时间为准。

3.12 宏观校核

根据区域重点行业主要产品产量变化和产品排放强度，宏观测算区域重金属污染物新增量，作为对全省（区、市）和重点行业重金属污染物新增量的校核。采用宏观统计数据校核能保证区域重金属污染物排放量变化与涉重金属产业发展情况在整体上保持一致。

4 总则

4.1 “基数固定”原则

2007 年第一次全国污染源普查所涉及的涉重金属污染源是核算基数的口径，2007 年后新（改、扩）建涉重项目，污染物新增量在环境统计中计列后，后续年份深度治理等减排量可以纳入考核范围。不在核算基数口径内的原有污染源（2008 年之前的污染源）不作为考核的重点，保证数据口径系统匹配；无组织排放未纳入污染源普查和环境统计口径，不作为排放量考核的重点。

4.2 “增量落地”原则

重金属污染物排放新增量主要与涉重企业产品产量挂钩，不与工业增加值、GDP 等宏观经济量挂钩，采用项目累加法为基础，并根据区域或全省重点行业主要产品产量宏观校核。因此要求上报企业的产能变化、产品产量变化与本地涉重金属产业发展情况相适应。

区域、行业涉重产品产量变化以统计和行业管理部门统计数量为准，新建项目产品产量要与关停淘汰产品产量、宏观统计产品产量的数据相平衡。按照产排污系数法、监测数据法核算的新增排放量，根据当年排放涉重金属污染物排放行业主要产品产量变化情况宏观测算校核区域内新增量，查漏补缺，将新增量落实到企业或项目中。

4.3 “减量查清”原则

重金属污染物削减量是指考核年度与上年同期相比，通过实施落后产能淘汰、清洁生产、污染源综合治理等工程措施，形成的连续稳定、可核证的重点重金属污染物削减量。

按照项目类别逐一核实上报项目削减量，充分利用各类佐证材料和现场核查手段对上报项目削减量进行验证和校核，并将已核查项目的削减量不同年份变化情况纳入考核范围。验证和校核上报项目的削减量一要靠严格的资料审核，二要靠削减量贡献大项目的现场核查，充分利用各类佐证材料加强减量的查清工作。在条件允许的情况下，逐步推行重点行业全口径核算。

4.4 “统筹衔接”原则

2007 年第一次全国污染源普查涉及的重金属污染物排放企业和新建涉重金属污染物排放的企业是考核的重点，2007 年第一次全国污染源普查重金属污染物排放量数据将作为核算参考依据，最终核算重点重金属污染物企业排放量数据要与当年环境统计数据进行衔接，做到增量核查和减量核查衔接、考核数据与环境统计的衔接。

5 核算范围

5.1 新增量核算范围

5.1.1 介质

重金属污染物排放介质包括水、大气和固体废物 3 个方面，本方法只适用于对应废水和废气中的重金属污染物新增排放量的测算。

5.1.2 行业

不同行业的企业排放的重金属污染物种类不同，新增量核算需要根据重金属污染物种类分别核算，但是每个行业每种重金属污染物核算的思路和方法是一致的。如皮革行业核算总铬，铅酸蓄电池行业核算铅，其他行业参照此法执行。

5.1.3　项目

涉及新增排放量的项目主要包括 3 类，第一类是由于新（改、扩）建项目的实施带来的污染物新增量，这是考核中新增量测算的重点；第二类是由于企业生产负荷的变化造成的污染物排放量变化，这种情况会出现排放量的增加或减少两种结果，对于这种情况需要通过对全省产品产量宏观校核的方法进行综合平衡；第三类是由于原材料发生变化，但是生产设施和生产工艺未发生根本变动的企业。

5.2　削减量核算范围

5.2.1　介质

重金属污染物排放介质包括水、大气和固体废物 3 个方面，本方法只对应废水和废气中的重金属污染物削减量。

5.2.2　行业

不同行业的企业排放的重金属污染物种类不同，削减量核算需要根据重金属污染物种类分别核算，但是每种重金属污染物核算的思路和方法是一致的。

5.2.3　项目

涉及削减量的项目主要包括 3 类，第一类是污染源淘汰退出项目削减量，这是考核中削减量测算的重点；第二类是企业通过清洁生产技术降低生产工艺过程的重金属污染物排放项目；第三类是由于对污染源末端治理设施等工程措施进行改造而产生的重金属污染物削减项目。

6 核算方法

6.1 新增量核算方法

6.1.1 产排污系数法

产排污系数法是测定污染源污染物产生量和排放量的基本技术方法之一。基于具体企业的产排污系数法，是从企业层面分析企业规模、生产原材料、产品种类、产量变化、非末端治理等因素，确定与企业实际情景相吻合的重金属产排污系数，分重点行业、分重金属元素、分环境介质核算存在变化因素的各涉重企业重点重金属污染物新增排放量，各企业累加法测算结果即为所核算区域的新增排放量。

特定原材料、规模、工艺、产品以及末端治理技术设备等，采用产排污系数计算污染物新增量公式如下：

$$W = G \times P$$

式中：W——污染物新增量；

G——产（排）污系数；

P——产品（或原料）变化量；根据不同行业生产特征或习惯表达方式。一般按产品，也可按原料；计量单位根据行业特点和习惯用法，可以是长度、质量、体积、面积、台（套）等，但不能是产值。

6.1.1.1 新建企业（或生产线）以试生产时间为新增量核算起始时间。考核年试生产时间在 3 个月内（含等于 3 个月）的，在下一年核算新增量；考核年试生产时间超过 3 个月的，按照当年实际运行天数核算新增量，下一年根据产品产量变化核算新增量。

6.1.1.2 新建企业（或生产线）新增量按照企业（或生产线）所属行业、生产工艺、规模、产品、污染处理设施工艺选取对应的重金属产排污系数和产品产量测算企业重点重金属污染物排放量，以排放量作为企业新增量。

6.1.1.3 改（扩）建企业（或生产线），改（扩）建前后生产工艺、处理设施等发生变化造成产排污系数变化的，新增量按照改（扩）建前后分别对应的重金属产排污系数和产品产量测算重点重金属污染物排放量，改（扩）建后排放量减去改（扩）建前排放量得到新增量。

6.1.1.4　原材料发生改变导致重金属污染物排放量变化较大企业（或生产线），按照原材料变化前后对应的重金属产排污系数和产品产量分别测算重点重金属污染物排放量，变化后排放量减去变化前排放量得到新增量。

6.1.1.5　对于存在废水循环回用的新（改、扩）建企业（或生产线），按照对应的产排污系数测算企业重点重金属污染物排放量，结合废水回用率核定情况核算新增量。

6.1.2　排放强度法

企业在环境统计或污染源普查数据库中，且产排污系数不变的，可根据产品变化量和该企业在环境统计或污染源普查中排放强度测算新增量。排放强度法是产排污系数法的一种简化计算方法。

6.1.2.1　改（扩）建企业（或生产线），生产工艺等未发生变化的，新增量可根据扩建后产品变化量和该企业在环境统计或污染源普查数据库中产品排放强度测算新增量。

6.1.2.2　仅产能利用率变化企业（或生产线），新增量可根据产品变化量和该企业在环境统计或污染源普查数据库中排放强度测算新增量。

6.1.3　监测数据法

按照企业废气（废水）排放量、重金属污染物排放浓度的监测数据核算项目新增排放量计算公式如下：

$$W = Q_1 \times C_1 - Q_2 - C_2$$

式中：W——污染物新增量，t；

Q_1——本年废水（废气）处理量，万 t/m^3；

C_1——本年处理设施排放口重金属污染物平均浓度，mg/L（或 mg/m^3）。

Q_2——上年废水（废气）处理量，万 t/m^3；

C_2——上年处理设施排放口重金属污染物平均浓度，mg/L（或 mg/m^3）。

6.1.3.1 选取该类重金属污染物日均排放新增废水（废气）排放量、该类重金属污染物排放浓度，以及考核期内排放天数进行核算。新增量考核起止时间与采用产排污系数法核算新增量规定相同。

6.1.3.2 对现阶段无对应产排污系数的企业（或生产线），采用监测数据法核算新增量。个别新型生产工艺与2007年第一次全国污染源普查情景相差较大的，可以采用监测数据法核算新增量。

6.1.3.3 未发生工艺和原料变化的改扩建的企业（或生产线）、产能利用率发生变化的企业（或生产线），如重点重金属污染物排放浓度监测数据与上年发生明显变化的，原则上以上年上报排放浓度为核查核算依据。原则上不对非工程不稳定因素、无法核定的新增量部分予以核算。

6.1.3.4 监测数据包括环评验收文件、监督性监测数据、在线监测数据等。存在多个排放口的，对每个排放口分别测算新增量。监测数据按照以下优先序顺依次采用并相互校核：当地生态环境部门监控平台联网、通过数据有效性审核、运行管理规范、数值合理的自动在线监测数据；地级生态环境部门对废水、废气治理设施的监督性监测数据，取每两个月监测数据均值（各地对监测频次有更密要求的，取所有监测数据均值）；“三同时”验收监测数据；企业自测数据也可以作为参考。

6.1.4 宏观产量核算法

宏观产量核算法将目前国家宏观统计的涉重金属产品种类都纳入核算，根据主要产品产量变化和产品排放强度，宏观测算区域重金属污染物新增量。

6.1.4.1 收集统计部门的重金属污染物排放行业产品产量数据，比较产品产量的年际变化量。根据区域产品产量年际变化量用产排污系数或强度法测算出排放量增量，该增量即为该行业在区域的重金属污染物新增排放量。这种算法的排放量没有落实到具体企业和项目上。

6.1.4.2 产排污系数法、排放强度法和监测数据法都是基于区域内具体企业进行核算新增量，宏观产量核算法可作为校核和补充。根据重点行业主要产品产量变化与项目累加法（包括产排污系数法、排放强度法和监测数据法）涉及的所有企业累加得到的产品产量变化数据对比，明确基于项目层次的（产能）产品上报覆盖度；二者差异较大的应在校核重点行业新建企业、原有企业的产能变化基础上，分析产生差异的原因，查补增量项目并作为现场核查重点，力求新增量和项目落地。查补项目后产品产量变化仍少于统计数据的，可按照宏观产量核算法核算差异部分的新增量值。

6.1.5 核算方法的选择

（1）项目的重金属污染物新增量核算优先采用产排污系数法。项目有对应产排污系数或可类比得到产排污系数的情况下，一律采用产排污系数法核算新增量。

（2）污染源普查基数库中的企业，在企业生产和治理实施不发生变化的情况下（产排污系数不变），可简化采用排放强度法测算新增量。

（3）项目无对应的重金属产排污系数时，可以采用监测数据法核算新增量。

（4）区域重金属污染物新增量采用重点行业的宏观产量核算法进行校核。区域宏观产量核算法主要作为区域重金属污染物新增量的校核手段，为防止项目瞒报、漏报，不单独作为区域排放量的核算方法。

6.2 新增削减量核算方法

6.2.1 淘汰退出项目

淘汰退出项目削减量主要是指关停工业企业与重金属污染物排放相关的全部或部分生产设施后形成的削减量。

6.2.1.1 认定条件

（1）能够提供证明设备永久性关停的有效材料，并能证明关停的时间，包括政府的淘汰关闭文件、工信部门确认关停的公示文件、破产文件、吊销营业执照、排污许可证、生产许可证等文件、环境监察记录、停水断电证明、关停前后影像图片等。

（2）由于生产原因暂时停产的企业，不按照淘汰退出项目测算削减量，其排放量变化纳入排放重金属行业产能变化导致的新增量减少环节进行测算。

（3）实施停产治理、限期治理的企业一律不计算削减量，待企业完成治理恢复正常生产后再根据治理设施运行情况，按照治理工程测算重金属污染物削减量。

符合上述条件的项目纳入重金属削减量年度核算淘汰类项目清单。

6.2.1.2 核算方法

淘汰退出项目重金属污染物削减量为企业淘汰关闭的生产设施在上年环境统计（或污染源普查）中对应的重金属污染物排放量。

企业淘汰（关停）全部生产设施的，削减量按上年考核确认的环境统计中对应的排放量计算。在 2007 年第一次全国污染源普查库中有基数的，可参考污染源普查排放数据。没有环境统计数据的，削减量采用产排污系数类比测算，现阶段没有产排污系数的可按照达标排放浓度测算削减量。

淘汰部分重金属污染物产生相关的生产设施时，重金属污染物削减量，应采用淘汰的生产设施排放量而不是全部生产设施排放量。关停部分设施排放量可根据该生产设施上年产品实际产量占总产量的比例确定，难以按产品产量分开测算的，可按照淘汰生产设施的设计生产能力占全部产能的比例测算。

对企业淘汰（关停）前重金属污染物排入集中治理设施处理的，削减量按照企业排放量扣除集中治理设施去除量计算。

2008—2014 年淘汰的生产设施，削减量在考核年一次结清，不做跨年度核算；自 2015 年起，淘汰的生产设施按照淘汰关闭生产设施的实际时间从次月起测算。

6.2.2 清洁生产技术改造项目

清洁生产技术改造项目是通过采用清洁生产技术降低生产工艺过程中重金属污染物排放的项目，包括排放重金属的企业实施清洁生产中高费方案、生产工艺技术改造项目等。对于实质上属于污染源末端治理设施技术改造的清洁生产项目，按照污染源治理设施改建项目削减量考核方法进行测算。

6.2.2.1 认定条件

产生污染物产生量的削减。对于以生产设施改造为主，含有部分末端处理设施改造，实质上属于清洁生产改造的项目，按照清洁生产技术改造项目考核方法进行测算。纳入考核范围的清洁生产技术改造项目必须有实质性工程措施作为依托，须提供项目验收文件或其他证明技术改造后设备连续稳定运行的有效材料。实施清洁生产技术改造后仍不符合国家产业政策的项目，其削减量不予认定。

符合上述条件的项目纳入重金属削减量年度核算清洁生产类项目清单。

6.2.2.2 核算方法

清洁生产技术改造项目削减量为改造前后重金属污染物排放量的差值。重金属污染物的排放量采用产排污系数法测算，并采用监测数据法校核。清洁生产技术改造项目削减量从项目能够开始连续稳定运行后的次月起按照实际运行时间测算，当年测算时间不满 12 个月的，剩余月份削减量在下一年度测算，算满 12 个月为止。

6.2.3 治理设施改建项目

污染源改建项目主要是通过改造污染源末端治理设施等工程措施实现的重金属污染物削减的项目。

6.2.3.1 认定条件

能够提供证明污染源治理设施连续稳定运行的有效证明材料。

下列情况不计削减量：新（扩）建生产项目实施“三同时”治理工程的（纳入新增量测算中一并考虑）；企业、生产工艺、生产装备和生产设施不符合国家产业政策的；未实施污染深度治理工程、节水工程、末端治理技术改造等实质性工程治理措施的；污泥未实现安全妥善处理处置的；考核期日常督察、定期核查、环保专项行动等发现存在严重或恶意环境违法行为的。

削减量从能够连续稳定运行的次月起按照实际运行时间测算，当年测算时间不满 12 个月的，剩余月份削减量在下一年度测算，算满 12 个月为止。

符合上述条件的项目纳入重金属削减量年度核算治理设施改建类项目清单。

6.2.3.2 核算方法

污染源综合整治（改建）项目削减量为项目改造前后治污设施增加的重金属污染物削减量，即项目实施后的年重金属污染物削减量与改造前一年度削减量之差。由于产排污系数对末端治理技术分类粗犷，难以满足定量认定的需求，建议污染源治理设施改建项目按照改造前后设施削减效率之差测算。改造前后治污设施处理效率优先采用监测数据法确定，没有监测数据时采用工程经验值。重金属污染物废气中重金属污染物削减量无监测数据时可采用同行业类比法或治理技术分类较为细致的产排污系数法。

削减量=改造前排放量×［1-（1-改造后去除率）/（1-改造前去除率）］

改造前去除率=（产生量-排放量）/产生量

6.2.4 治理设施新扩建项目

污染源改建项目主要是通过新（扩）建污染源深度治理设施或改造污染源末端治理设施等工程措施实现的重金属污染物削减的项目。

6.2.4.1 认定条件

能够提供证明新（扩）建污染源深度治理设施连续稳定运行的有效证明材料。污染源将重金属污染废水直接排至工业园区污水集中处理设施的，削减量在集中处理设施削减量测算时一并考虑。

下列情况不计削减量：新（扩）建生产项目实施“三同时”治理工程的（纳入新增量测算中一并考虑）；企业、生产工艺、生产装备和生产设施不符合国家产业政策的；未实施污染深度治理工程、节水工程、末端治理技术改造等实质性工程治理措施的；污泥未实现安全妥善处理处置的；考核期日常督察、定期核查、环保专项行动等发现存在严重或恶意环境违法行为的。

削减量从能够连续稳定运行的次月起按照实际运行时间测算，当年测算时间不满 12 个月的，剩余月份削减量在下一年度测算，算满 12 个月为止。

6.2.4.2 核算方法

污染源治理设施新扩建项目削减量为新（扩）建治污设施重金属污染物削减量，采用项目实施前年实际排放量与新扩建治污设施深度治理效率计算。新扩建治污设施处理效率优先采用监测数据法确定，没有监测数据时采用工程经验值。

削减量=上年度排放量×新扩建治污设施去除率

7 核算流程

7.1 基础信息调查

7.1.1 收集涉重金属污染源企业信息、生产和污染物排放的基本情况及国家宏观统计产品产量等基础数据信息。

7.1.2　查阅企业文件资料，核对新增量和削减量考核项目表的项目信息是否填报完整，填报信息是否存在误差。

7.1.3　核对重点区域行政范围，不应将《规划》范围外的区县纳入重点区域。

7.1.4　产品规模（产量）单位应结合产排污系数表测算单位来填报，与产排污系数表测算单位不一致的，应核实换算为与产排污系数表测算单位一致。

7.1.5　按照行业分类汇总企业产品产量，对照国家宏观统计产品产量，逐一对比各行业产品产量与国家统计数据的差异。原则上，各省（区、市）上报企业汇总产品产量与国家宏观统计产品产量相比不能超过 10%，否则应查证企业是否有遗漏未上报。

7.2　新增量、新增削减量核算

7.2.1　新建、扩建、改建企业新增量测算优先采用产排污系数法。没有对应的产排污系数的新建企业或生产线按照监测数据核算新增量，监测数据选取顺序依次为连续稳定的在线监测数据、生态环境部门监督性监测数据、验收监测数据、企业自测数据。对应产排污系数法的企业和项目，要分析判断“四同”因素等主要参数的取值，以此确定对应的产排污系数。

7.2.2　分行业、分产品汇总统计新增量和落后产能淘汰项目产量变化情况，对照宏观产量统计表开展产品产量宏观校核。校核后出现地方上报产量变化量与宏观产量变化量差异较大的情况，要求查补项目落实新增量。出现宏观产量变化量无法落实到项目的情况，按照宏观测算法核算新增量并落实到区域。

7.3　区域排放量核算

将区域内全部上报企业的某类重金属污染物新增量和新增削减量累加得到区域该类重金属污染物新增量和新增削减量，结合基准年排放基数计算得出区域重金属污染物排放量；对污染物排放量和 2007 年核算基数进行比较得到排放量变化率。

$$\text{重金属污染物排放量} = \text{核算基数} - (\text{新增削减量} - \text{新增量})$$

7.4 区域排放量趋势分析

对重金属污染物排放量和核算基数进行比较得到排放量变化率。

$$排放量变化率=\frac{重金属污染物排放量}{核算基数}$$